全国电力行业“十四五”规划教材

高等教育电气与自动化类专业系列

C语言程序设计

主　编　郭晓利　李建坡

副主编　王敬东　杨杰明　郭树强　奚　洋

参　编　董文革　倪洪印　李红刚　刘桢宏　夏俊博

中国电力出版社
CHINA ELECTRIC POWER PRESS

内 容 提 要

本书依据《国家中长期教育改革和发展纲要（2020—2035 年）》的指导精神，并结合新工科人才培养要求及高等学校的教学特点编写而成。全书共分为 11 章，从概述讲起，依次讲述数据类型、运算符与表达式，三种基本结构程序设计，数组，函数，编译预处理，指针，结构体与共用体和文件等。本书从培养学生的实际编程能力出发，内容全面，重点突出，例题和习题丰富，书中所有示例程序均上机调式运行并给出结果，程序遵循标准化的编程风格，便于学生理解。

本书可作为大学本科教材，也可作为全国计算机等级考试的参考教材和高职高专相关专业教材，同时也可作为自学者学习 C 语言的参考书。

图书在版编目（CIP）数据

C 语言程序设计/郭晓利，李建坡主编．—北京：中国电力出版社，2023.11
ISBN 978-7-5198-7863-4

Ⅰ．①C… Ⅱ．①郭… ②李… Ⅲ．①C 语言－程序设计－高等学校－教材 Ⅳ．①TP312.8

中国国家版本馆 CIP 数据核字（2023）第 089254 号

出版发行：中国电力出版社
地　　址：北京市东城区北京站西街 19 号（邮政编码 100005）
网　　址：http://www.cepp.sgcc.com.cn
责任编辑：张　旻（010-63412536）
责任校对：黄　蓓　马　宁
装帧设计：郝晓燕
责任印制：吴　迪

印　　刷：廊坊市文峰档案印务有限公司
版　　次：2023 年 11 月第一版
印　　次：2023 年 11 月北京第一次印刷
开　　本：787 毫米×1092 毫米　16 开本
印　　张：13.25
字　　数：422 千字
定　　价：51.00 元

前　言

本书依据《国家中长期教育改革和发展纲要（2020—2035年）》的指导精神，并结合新工科人才培养要求及高等学校的教学特点，从培养学生的实际编程能力出发，为全面提高学生的计算机应用综合素质为目的而编写。

本书在内容编排上将复杂、难以理解的编程思想和问题简单化，体现易学的特点。每章开头安排问题提出与程序示例，引导学生进入课程内容，避免直接灌输式教学。每章末尾安排习题并提供习题答案，帮助学生巩固学习效果。本书在文字叙述上条理清晰、简洁，层次分明，重点突出。每章提供课前导读、学习目标、教学要求和思维导图，并给出每一章节具体的教学要求和能力要求，便于读者阅读，使读者可以快速掌握C语言的基础知识，学会C语言的编程技术，提高解决实际问题的能力。

本书共11章。第1章概述，通过程序示例的介绍，掌握C语言的结构、发展史、特点及其算法的表示方法等内容；第2章数据类型、运算符与表达式，主要介绍基本的数据类型、常量和变量、各类运算符与表达式；第3章顺序结构程序设计，主要介绍单个字符数据的输入与输出函数、格式输入与输出函数及顺序结构程序设计；第4章选择结构程序设计，主要介绍if语句的三种形式、switch语句及选择程序设计；第5章循环结构程序设计，主要介绍能够实现循环的goto语句和三种循环语句，循环的嵌套及循环结构程序设计；第6章数组，主要介绍一维数组、二维数组和字符数组的使用；第7章函数，主要介绍函数的定义和函数的调用、嵌套和递归的使用及变量的作用域与存储类型；第8章编译预处理，主要包括宏定义、文件包含及条件编译；第9章指针，主要介绍指针和指针变量的定义、指针与一维数组、指针与二维数组、指针与字符串、指针与函数、指针数组与指向指针的指针；第10章结构体与共用体，主要介绍结构体、链表、共用体、枚举类型及自定义数据类型；第11章文件，主要介绍文件的打开与关闭及对文件的各种操作。

本书由东北电力大学郭晓利、李建坡主编，东北电力大学王敬东、杨杰明、郭树强、奚洋副主编，东北电力大学董文革、倪洪印、李红刚、刘桢宏，辽宁建筑职业学院夏俊博参编。辽宁建筑职业学院郭平也参加了本书的编写和审定工作。

本书可作为高等院校"C语言程序设计"课程教材，也可作为全国计算机等级考试的参考教材和高职高专相关专业教材，同时还可作为自学者学习C语言的参考书。

限于编者水平，书中疏漏在所难免，敬请读者批评指正。

目 录

第1章 概 述

课前导读

C语言是当今世界上最为流行、面向过程的程序设计语言之一。它功能强大、可读性好、可移植性强，具有高级语言的优点，同时又具有低级语言的功能，如可以直接处理字符、位运算、地址和指针运算等。在结构上具有模块化、结构化的特征，既可以用来编写应用软件，又可以用来编写系统软件。C 语言是一种成功的描述语言，也是一种实用的程序设计语言。

学习目标

- 掌握C语言程序的结构；
- 了解C语言程序的特点；
- 理解三种基本结构的形式；
- 掌握用户标识符的命名规则；
- 了解算法的特点和表示方法。

教学要求

本章教学要求见表1-1。

表1-1　　第1章教学要求

知识要点	教学要求	能力要求	思政目标
C语言程序结构	掌握C语言程序的结构； 了解C语言程序的特点	创建正确的C语言程序的能力	为了发展中华民族的软件产业，必须提高软件企业和软件人员的职业素质及道德规范
用户标识符	熟悉C语言程序中的基本符号与关键字； 掌握用户标识符的命名规则；熟悉C语言编程环境	具有编辑、运行C语言程序的简单方法的能力	
算法、流程图及三种基本结构	了解算法的特点； 了解程序设计的三种基本结构； 了解传统流程图的表示形式	能够针对问题进行简单的分析，了解算法和流程图的基本概念	

思维导图

本章思维导图如图1-1所示。

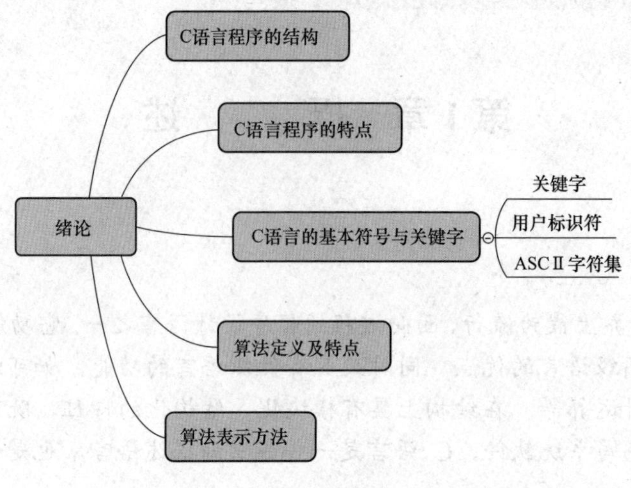

图 1-1　第 1 章思维导图

1.1 程 序 示 例

下面通过几个简单的例子来说明 C 语言的组成。

【例 1.1】在计算机屏幕上输出两行"*"号和一行"* Hello World *"。

```
源程序
#include <stdio.h>                          /*编译预处理命令*/
void main( )
{
   printf("***************\n");           /* 输出一行*号 */
   printf("* Hello World  * \n");         /* 输出* Hello World * */
   printf("***************\n");           /* 输出一行*号 */
}
```

运行结果

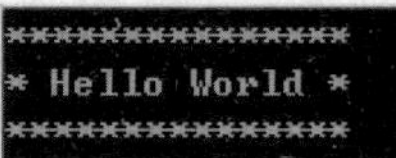

[例 1.1] 是一个简单的 C 语言源程序。其中 main( )是主函数，main 是函数的名称。用{}括起来的内容是函数体。函数体应由若干条语句组成，这是计算机要执行的部分，每条语句以分号"；"结束。/*…*/之间的内容是语句的注释部分，供阅读程序使用。计算机并不执行注释部分的内容。编程时，为了使程序易读，应养成加注释的习惯。

【例 1.2】用自定义函数求两个数的和并输出。

```
源程序
int add(int x, int y)                       /*定义 add 函数*/
{  int z;
   z=x+y;
   return(z);                               /*返回两个数的和*/
}
#include "stdio.h"                          /*编译预处理命令*/
void main( )
{
```

```
    int a, b, c;
    scanf("a=%db=%d", &a, &b);        /*读入两个整数，存入变量a和b中*/
    c=add(a, b);                      /*调用自定义函数add*/
    printf("add=%d\n", c);            /*输出两个数的和*/
}
```

运行结果

```
a=10b=20
add=30
```

同［例 1.1］相比，［例 1.2］除含有 main( )函数外，增加了函数 add （int x，int y），整个程序由主函数和函数 add（int x, int y）构成。当此程序从 main 函数开始执行，执行到 scanf 语句时，将等待用户从键盘输入两个整型数据后再继续执行。

1.1.1 C 语言程序的结构

从以上例子可以看出，C 语言程序的结构如下：

（1）C 语言程序是由函数构成的，一个源程序可以包含若干个函数，但必须有且只有一个函数为主函数 main( )，一个程序总是从主函数开始执行。

（2）函数一般都有函数体。函数体用花括号“{}”包含，从左花括号“{”开始，到右花括号“}”结束；函数体中有定义（或说明）和执行两大部分语句。

（3）C 语言中的每个基本语句，都是以“；”结束的，分号是 C 语言语句的终结符。

（4）书写格式自由，可以在一行的任意位置书写；一行可以写一个语句，也可以写多个语句。因此，要注意养成良好的书写习惯，使程序便于阅读。

（5）注释用“/* */”表示，它们之间的内容为注释部分，编译时系统对注释部分不做处理。

（6）#include 是编译预处理指令，其作用是将由双引号或尖括号括起来的文件中的内容，读入到该语句的位置处。在使用 C 语言输入、输出库函数时，一般需要使用#include 指令将"stdio.h"文件包含到源文件中。

1.1.2 C 语言程序的发展史

在 20 世纪六十年代期间，随着计算机科学体系的形成与完善，高级程序设计语言的研究得到了长足的发展。但是，在当时出现的高级语言中，缺乏用于编写像操作系统、编译程序等系统软件的工具，系统程序的设计主要还是依赖于汇编语言。为了改变这种状况，1967 年 Martin Richards 设计并实现了 BCPL（Basic Combined Programming Language）语言。后来，这一语言被移植到了多种计算机上，并得到了广泛的应用。此后不久，Ken Thompson 在 BCPL 语言的基础上设计并实现了 B 语言，并用 B 语言在 PDP-7 机上实现了第一个 UNIX 操作系统。接着，在 1972—1973 年间，D.M.Ritchie 在 B 语言的基础上，又重新设计了一种语言，并在 PDP-11 机上实现，同时用这种语言重写了 UNIX 操作系统。由于这一语言是在 BCPL 语言和 B 语言的基础上开发出来的，因此被称为 C 语言。C 语言能支持多种数据类型，它更能反映当代计算机的体系结构，因而得到了广泛的应用。

1.1.3 C 语言程序的特点

C 语言能够成为目前应用最为广泛的高级程序设计语言之一，完全是由其语言特点决定的。C 语言的特点可大致归纳如下：

（1）C 语言短小精悍，基本组成部分紧凑、简洁。C 语言一共只有 32 个标准的关键字和

9 种控制语句，使用方便、灵活。

（2）C 语言运算符丰富，表达能力强。C 语言能够处理多种运算符，其运算符包含的内容广泛，所生成的表达式简练、灵活，有利于提高编译效率和目标代码的质量。

（3）C 语言数据结构丰富，结构化好。C 语言提供了编写结构化程序所需要的各种数据结构和控制结构，这些丰富的数据结构和控制结构以及以函数调用为主的程序设计风格，保证了利用 C 语言所编写的程序能够具有良好的结构化。同时，在 C 语言程序设计中，允许将一个复杂的程序分割为多个模块，并可由多人同时编写，当分别调试完成后，再通过连接程序连接到一起，形成一个完整的程序。

（4）C 语言提供了某些接近汇编语言的功能，有利于编写系统软件。C 语言具有“高级语言”和“低级语言”的双重特点，它提供的一些运算和操作，能够实现汇编语言的一些功能，如C语言可以直接访问物理地址，并能进行二进制位运算等，这为编写系统软件提供了方便条件。

（5）由 C 语言程序生成的目标代码质量高。C 语言程序所生成的目标代码的效率仅比用汇编语言描述同一个问题低 20%左右，因此，用C 语言编写的程序执行效率高。

（6）C 语言程序可移植性好。在 C 语言所提供的语句中，没有直接依赖于硬件的语句，与硬件有关的操作，如数据的输入、输出等都是通过调用系统提供的库函数来实现的，而这些库函数本身并不是C语言的组成部分。因此，用 C 语言编写的程序能够很容易地从一种计算机环境移植到另一种计算机环境中。

1.2　C 语言的基本符号与关键字

1.2.1　字符集

字符集是构成C语言的基本元素。用 C 语言编写程序时，除字符型数据外，其他所有成分必须由字符集中的字符构成。C 语言的字符集由下列字符构成：

（1）英文字母：A～Z，a～z。

（2）数字字符：0～9。

（3）特殊符号如下：

空格　!　%　*　&　^　_（下划线）

+　=　–　～　<　>　/　\

'　"　;　.　,　(　)　[　]　{}

1.2.2　关键字

关键字是 C 语言已经定义的、具有特殊功能和含义的单词、单词缩写或者单词组合。表 1-2 列出的是 C 语言的关键字。

表 1-2　　C 语言的关键字

关键字	含义	类型
int	基本整型	数据类型
short	短整型	
long	长整型	

续表

关键字	含义	类型
float	单精度浮点型	数据类型
double	双精度浮点型	
char	字符型	
void	无值型	
unsigned	无符号型	
signed	有符号型	
const	常量	
struct	结构体类型	
union	共用体类型	
enum	枚举类型	
volatile	易变型	
sizeof	求字节数	运算符
if	条件语句	流程控制
else	与 if 配合使用	
switch	开关语句	
case	与 switch 配合使用	
default	与 switch 配合使用	
for	循环语句	
while	循环语句	
do	循环语句	
break	间断语句	
continue	接续语句	
return	返回语句	
goto	跳转语句	
auto	自动类型	存储类型
extern	外部类型	
static	静态类型	
register	寄存器类型	
typedef	用户自定义类型	

1.2.3　用户标识符

用户标识符即用户根据需要自己定义的变量名、常量名、函数名、数组名等。C 语言的用户标识符必须按以下规则命名。

（1）必须以英文字母或下划线开始，并由字母、数字或下划线组成。例如：acABC，intY，a1 等都是合法的标识符，而 6Str，–abc，+intI 等则是非法的标识符。

（2）每个标识符可以由多个字符组成，但只有前 8 个标识符为有效标识符。

（3）大写字母和小写字母代表不同的标识符，例如：xyz 和 XYZ 是两个不同的标识符。

（4）不能使用 C 语言的关键字作为用户标识符。

1.2.4 ASCII 字符集

在计算机中，所有的信息都用二进制代码表示。二进制编码的方式较多，目前应用最为广泛的是 ASCII 码。使用的字符在计算机中就是以 ASCII 码方式存储的。

ASCII 码是美国标准信息交换码（American Standard Code for Information Interchange）。它已被国际标准化组织（ISO）认定为国际标准，详见附录 A。

1.3 算法及其表示

1.3.1 算法的概念和特征

算法（Algorithm）是解题的步骤，可以把算法定义成解一确定类问题的任意一种特殊的方法。在计算机科学中，算法要用计算机算法语言描述，算法代表用计算机解一类问题的精确、有效的方法。算法+数据结构=程序，求解一个给定的可计算或可解的问题，不同的人可以编写出不同的程序，来解决同一个问题。

一个算法应该具有以下五个重要的特征：

（1）有穷性。一个算法应当包含有限个操作步骤，也就是说，在执行若干个操作之后，算法将结束，而且每一步都在合理的时间内完成。

（2）确定性。算法中的每一条指令必须有确切的含义，不能有二义性，对于相同的输入必须能得出相同的结果。

（3）可行性。一个算法是能行的，即算法中描述的操作都是可以通过已经实现的基本运算执行有限次来实现的。

（4）有零个或多个输入。计算机实现算法所需要的处理数据，有些程序在执行时需要通过输入数据得到输出，而有些程序不需要输入数据。

（5）有一个或多个输出。算法的目的是求解（结果），结果要通过输出得到。

1.3.2 三种基本程序结构

1. 顺序结构

顺序结构就是按照语句的书写顺序依次执行的控制结构，比如先执行 A 语句，接着执行 B 语句，如图 1-2 所示。

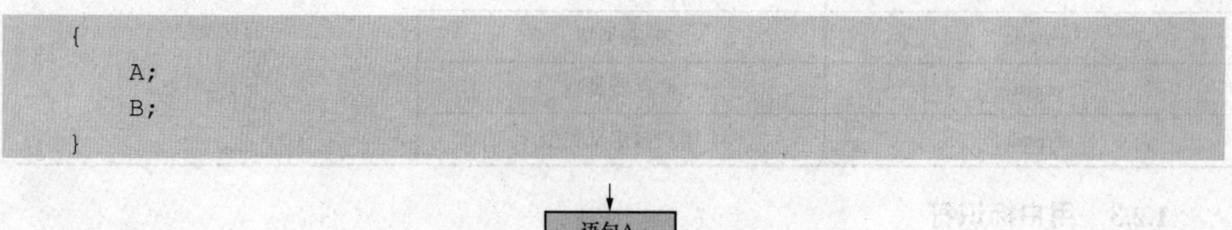

```
{
    A;
    B;
}
```

语句A

语句B

图 1-2 顺序结构

2. 选择结构

选择结构是根据给定的条件决定某些语句执行或不执行的控制结构，典型的一段 C 程序代码如下：

```
{
    if(P)
       A;
    else
       B;
}
```

在执行过程中，首先判断条件 P 是否成立，如果成立，执行代码 A，否则执行代码 B，如图 1-3 所示。

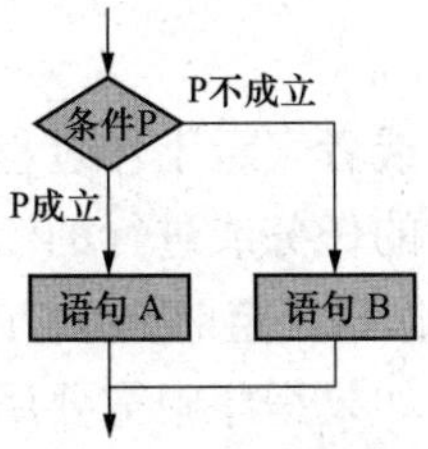

图 1-3　选择结构

3. 循环结构

循环结构为重复执行某一段程序代码提供了控制手段，循环结构有多种形式，如当型循环结构和直到型循环结构。C 语言中 while 当型循环结构（见图 1-4）的一般形式为：

```
while(exp)
{
    A;
}
```

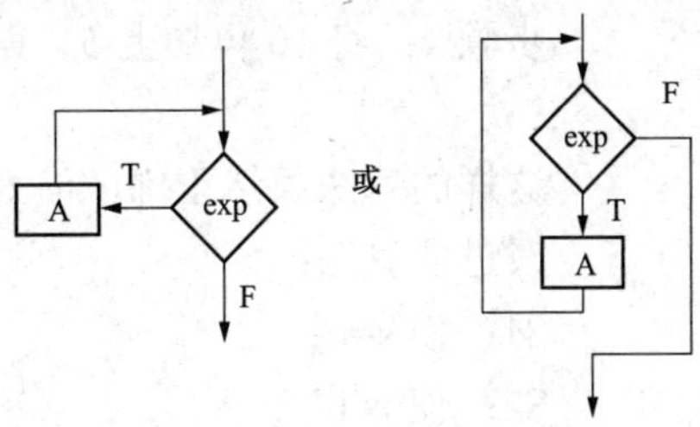

图 1-4　while 当型循环结构

图 1-4 中，循环判断条件为 exp，循环体为 A，当条件 exp 为真，则执行循环体。

1.3.3　算法的表示

算法可以用各种描述方法进行表示，常用的有自然语言、伪代码、传统流程图、N-S 流程图和程序设计语言等。

1. 传统流程图

传统流程图由以下几种基本框图组成，如图 1-5 所示。

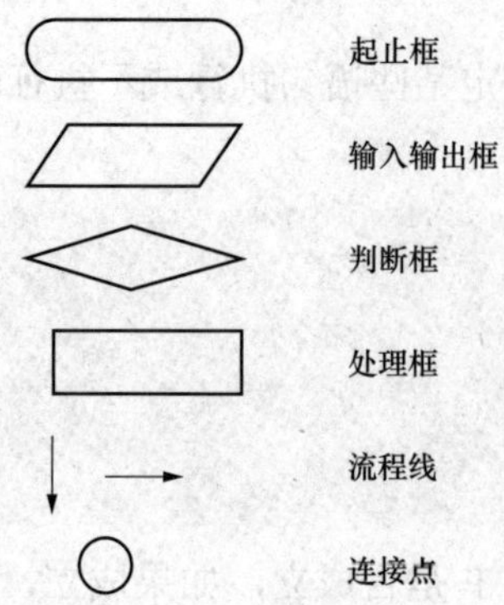

图 1-5 传统流程图的基本符号

说明：

- 椭圆符号或者表示开始工作，或者表示工作过程结束。
- 矩形符号表示工作过程中执行的任务或进行的活动。
- 菱形符号表示工作过程中需要作出决定的要点，或者说是进行选择的时候用菱形符号。
- 平行四边形表示输入输出框，如果程序中需要用到输入输出，则用该符号表示。
- 箭头符号表示工作过程的方向或流程。
- 当流程图不能在同一页画下，需要到后面一页接着画的时候，用小圆圈表示连接点，应该在头一页的结尾和后一页的开头都用小圆点进行标记，并用相同的数字表示连接的情况。

例如要计算如下的表达式：1+2+3+4+5+6+7+8+9+10。

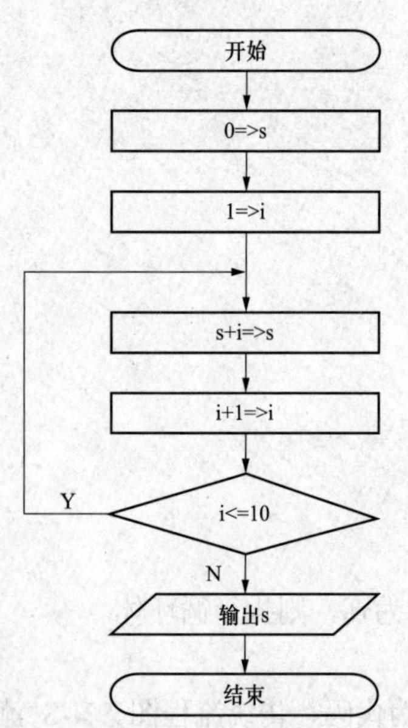

图 1-6 1+2+…+10 算法传统流程图

最原始方法：

步骤 1：先求 1+2，得到结果 3；

步骤 2：将步骤 1 得到的和 3 加上 3，得到结果 6；

步骤 3：将 6 再加上 4，得 10；

步骤 4：将 10 再加上 5，得 15；

…

这样的算法虽然正确，但太烦琐。

改进的算法：

S1：使 s=0；

S2：使 i=1；

S3：使 s+i，和仍然放在变量 s 中，可表示为 s+i→s；

S4：使 i 的值+1，即 i+1→i；

S5：如果 i≤10，返回重新执行步骤 S3 以及其后的 S4 和 S5；否则，算法结束。

以上的算法就可以用流程图来表示，如图 1-6 所示。

2. N-S 流程图

传统流程图表示算法直观形象，能比较清楚地表示各个框的逻辑关系，但是传统流程图对流程线没有严格的限制，使用者可以随心所欲地使用流程线。过多地使用流程线，流程图会显得杂乱无章。1973 年，美国学者 I.Nassi 和 B.Shneiderman 提出了一种新的流程图形式，完全取消了带箭头的流程线，全部算法写在一个矩形框内，这种流程图被称为 N-S 图。

N-S 流程图的 3 种基本结构如图 1-7 所示。

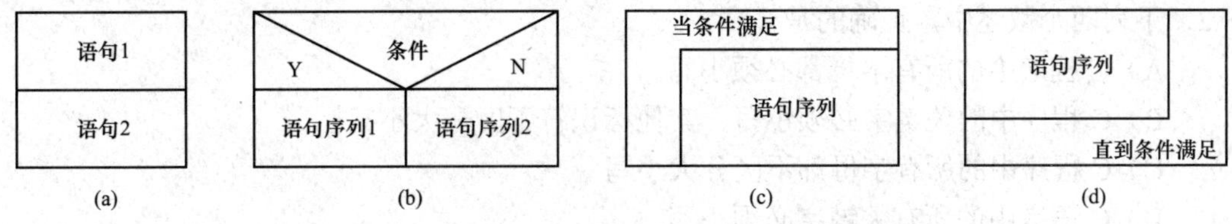

图 1-7　N-S 流程图的 3 种基本结构

（a）顺序结构；（b）选择结构；（c）当型循环结构；（d）直到型循环结构

以上 3 种基本结构有如下一些共同的特点。

（1）只有一个入口。

（2）只有一个出口。

（3）无死语句，即不存在永远都执行不到的语句。

（4）无死循环，即不存在永远都执行不完的循环。

已经证明，以上 3 种基本结构组成的算法结构可以解决任何复杂的问题。

3. 伪代码

伪代码是一种算法描述语言，使用伪代码的目的是使被描述的算法可以容易地以任何一种编程语言实现。因此，伪代码必须结构清晰、代码简单、可读性好，并且类似自然语言。伪代码不能在计算机上实际执行，严谨的伪代码描述很容易转换为相应的某种语言程序。

例如猴子吃桃问题：有一堆桃子不知数目，猴子第一天吃掉一半，又多吃了一个，第二天照此方法，吃掉剩下桃子的一半又多一个，天天如此，到第 10 天早上，猴子发现只剩一个桃子了，问这堆桃子原来有多少个？

假设 peach 代表桃子数。伪代码如下：

```
Begin(算法开始)
(1) peach=1 {第 10 天的桃子数}, i=9 {导出第 9 天, 第 8 天, ……, 一直到第 1 天的桃子数};
(2) peach=2*(peach+1) {从当天的桃子数计算前一天的桃子数};
(3) i=i-1;
(4) 若 i>=1, 继续循环执行(2);
(5) 输出 peach 的值。
End(算法结束)
```

课外延伸

上网查阅资料，明确为了发展中华民族的软件产业，软件企业和软件人员的职业素质及道德规范包括哪些内容。

习题

一、选择题

1. 一个 C 程序由若干个 C 函数组成，各个函数在文件中的位置顺序为（　　）。

A）任意
B）第一个函数必须是主函数，其他函数任意
C）必须完全按照执行的顺序排列
D）其他函数可以任意，主函数必须在最后

2．下列四个叙述中，正确的是（ ）。
A）C 程序中的所有字母都必须小写
B）C 程序中的关键字必须小写，其他标识符不区分大小写
C）C 程序中的所有字母都不区分大小写
D）C 语言中的所有关键字必须小写

3．下列四个叙述中，错误的是（ ）。
A）一个 C 源程序必须有且只能有一个主函数
B）一个 C 源程序可以有多个函数
C）在 C 源程序中注释说明必须位于语句之后
D）C 源程序的基本结构是函数

4．下面不是 C 语言合法标识符的是（ ）。
A）abc B）5n C）_4m D）x3

5．以下叙述不正确的是（ ）。
A）分号是 C 语句的必要组成部分
B）C 程序的注释可以写在语句的后面
C）函数是 C 程序的基本单位
D）主函数的名字不一定非用 main 来表示

6．一个可执行的 C 程序的开始执行点是（ ）。
A）程序中的第一个语句 B）包含文件中的第一个函数
C）名为 main 的函数 D）程序中的第一个函数

7．下列各项中，不是 C 语言的特点是（ ）。
A）语言简洁、紧凑，使用方便
B）程序执行效率高，可移植性好
C）能实现汇编语言的大多数功能
D）有较强的网络操作功能

8．构成 C 语言源程序的基本单位是（ ）。
A）子程序 B）过程 C）文本 D）函数

9．某 C 程序由一个主函数 main( )和一个自定义函数 max( )组成，则该程序（ ）。
A）写在前面的函数先开始执行 B）总是从 main( )函数开始执行
C）总是从 max( )函数开始执行 D）写在后面的函数先开始执行

10．算法具有五个特性，以下选项中不属于算法特性的是（ ）。
A）有穷性 B）简洁性 C）可行性 D）确定性

11．下述哪一个不是结构化程序基本结构（ ）。
A）顺序 B）选择 C）循环 D）嵌套

12．C 语言源程序的扩展名为（ ）。

A）.exe　　B）.c　　C）.obj　　D）.cpp

13．编辑程序是（　　）。

A）建立并修改程序　　B）将 C 源程序编译成目标程序

C）调试程序　　D）命令计算机执行指定的操作

14．以下叙述正确的是（　　）。

A）C 程序必须有输入操作和输出操作

B）C 程序可以没有输出操作但必须有输入操作

C）C 程序可以没有输入操作但必须有输出操作

D）C 程序既可以没有输入操作也可以没有输出操作

15．合法的 C 语言用户标识符的是（　　）。

A）long　　B）_2Test　　C）3Dmax　　D）A.dat

二、填空题

1．结构化程序所规定的三种基本控制结构是__________、__________、__________。

2．算法的特征是__________、__________、__________、__________、__________。

3．C 语言源程序的语句分隔符是__________。

4．一个 C 源程序中至少应包括一个__________。

5．C 语言规定，标识符只能由__________、__________、__________三种字符组成，而且，第一个字符必须是__________或__________。

6．下列哪些是合法的用户标识符？如果合法，你认为它是一个好的标识符（能提醒你它的用途）吗？

（a）stock_code　　________________

（b）money$　　________________

（c）Jan_Sales　　________________

（d）X-RAY　　________________

（e）int　　________________

（f）xyz　　________________

（g）1a　　________________

（h）invoice_total　　________________

（i）john's_exam_mark　　________________

（j）default　　________________

第1章　习题答案

第 2 章　数据类型、运算符与表达式

课前导读

任何程序都涉及待处理的数据，数据可以是常量和变量。C 语言可以处理的数据类型有很多，可分为基本类型、构造类型、指针类型和空类型。本章将讨论 C 语言中的变量和常量、基本数据类型、运算符和表达式以及不同数据类型之间的转换等。本章大部分内容需要记忆，学习时应注意归纳，列出记忆要点。本章重点掌握基本数据类型、各种运算符和表达式的用法；本章的难点是自增/自减运算符的用法。

学习目标

- 熟悉基本数据类型、了解常量和变量的定义；
- 掌握算术运算符和算术表达式；
- 掌握关系运算符和关系表达式；
- 掌握逻辑运算符和逻辑表达式；
- 掌握赋值运算符和赋值表达式；
- 掌握条件运算符和条件表达式；
- 了解逗号运算符和逗号表达式；
- 了解数据类型转换。

教学要求

本章教学要求见表 2-1。

表 2-1　　**第 2 章教学要求**

知识要点	教学要求	能力要求
变量、常量、数据类型	熟悉基本数据类型； 了解常量和变量的概念； 了解数据类型及其大小	定义常量和变量的能力
运算符、运算符的优先级和结合性、类型转换	掌握算术运算符的用法； 掌握自增运算符、自减运算符的用法； 掌握关系运算符的用法； 掌握逻辑运算符的用法； 掌握条件运算符的用法； 了解逗号运算符的用法； 掌握赋值运算符、复合赋值运算符的用法； 理解运算符的优先级和结合性； 了解类型转换的规则和用法	具有各种运算符的应用能力
各种表达式	了解各种表达式的含义和用法； 理解关系表达式的值的含义； 理解逻辑表达式的值的含义； 了解逗号表达式的值的概念	具有各种表达式的应用能力

思维导图

本章思维导图如图 2-1 所示。

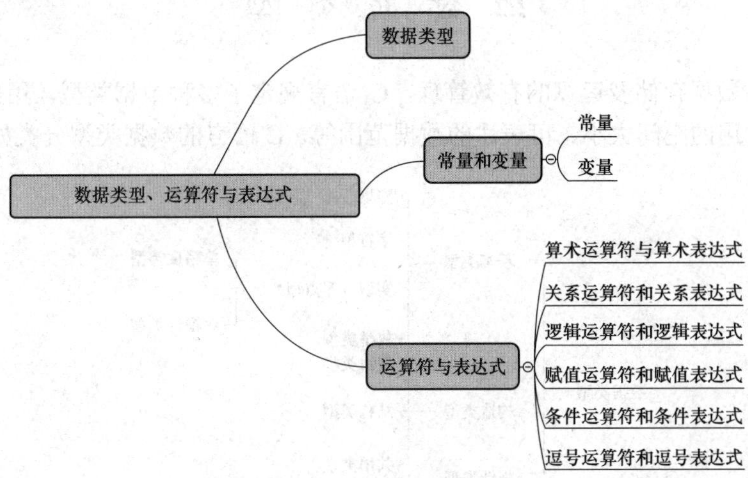

图 2-1　第 2 章思维导图

2.1　问题提出与程序示例

1. 问题描述——计算并输出圆的周长和面积。

假设圆的半径用 r 表示，圆周长用 l 表示，圆面积用 s 表示，计算并输出圆的周长和面积。

2. 程序代码

```
源程序
#define  PI  3.141592                             /*定义一个符号常量，表示圆周率*/
#include  <stdio.h>
void main( )
{   float l, s, r;                                /*l: 周长, s: 面积, r: 半径*/
    printf("Please input radius:  ");
    scanf("%f", &r);                              /*输入半径*/
    l=2.0*r*PI;                                   /*计算周长*/
    s=PI*r*r;                                     /*计算面积*/
    printf("l=%10.4f\ns=%10.4f\n", l, s);  /*输出周长和面积*/
}
```

运行结果

```
Please input radius: 20
l=  125.6636
s= 1256.6360
```

3. 程序说明

（1）本程序中的 PI 为 3.141592，代表符号常量，程序中 2.0 为常量。

（2）本程序中的 r、l 和 s 表示变量。

（3）本程序 float 代表数据类型，为单精度浮点型。

（4）2.0*r*PI 和 PI*r*r 表示算术表达式，l=2.0*r*PI 和 s=PI*r*r 为赋值表达式。

（5）习惯上，符号常量名用大写，变量名用小写。

2.2 数 据 类 型

为了便于对数据存储及运算的有效管理，C 语言规定了多种数据类型，用来说明数据的存储格式、所占用的空间大小、可表达的数据范围等。C 语言的数据类型分类如图 2-2 所示。

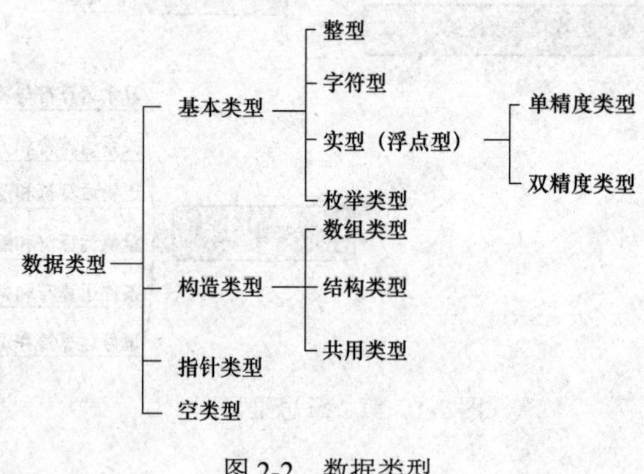

图 2-2 数据类型

2.3 常 量 与 变 量

2.3.1 常量

在程序运行过程中，其值不能被改变的量，称为常量。常量分为整型常量、实型常量、字符常量、字符串常量和符号常量等。

1. 整型常量

整型常量的 3 种表示形式如下。

（1）十进制数表示形式：如 25、0、–25。

（2）八进制数表示形式：以 0 开头是八进制数。如 025，即八进制数的 25（相当于十进制数的 21）。

（3）十六进制数表示形式：以 0x 开头作为十六进制数。如 0x25，即十六进制数的 25（相当于十进制数的 37）。

2. 实型常量

实型常量又称实数或浮点数，有如下两种表现形式。

（1）十进制小数形式。十进制小数形式由数码 0～9 和小数点组成。当整数部分为 0 或小数部分为 0 时都可省略，但小数点不能省略。例如 3.14、125.、.15、0.0 等都是十进制数的表示形式。

（2）指数形式。指数形式由十进制数加阶码标志“e”或“E”以及阶码（只能为整数，可以带符号）组成，其一般形式为：a E n。其中，a 为十进制数，n 为十进制整数（表示乘方）。例如：4.0E+6 或 4.0e+6 都表示 4.0×10^{6}。1.2E-2 表示 1.2×10^{-2} 或 0.012。

注意：

- 字母 e 或 E 之前（即尾数部分）必须有数字。
- 字母 e 或 E 后面的指数部分必须是整数。

3. 字符常量

用一对单引号括起来的单个字符，称为字符常量。例如，'a'和'A'是两个不同的字符常量，该字符常量是一般字符常量。

特殊字符常量也称转义字符型，以反斜杠“\”开头，后跟一个特定的字符转变为另外一种含义。常用的以“\”开头的特殊字符见表 2-2。

表 2-2　转义字符及其功能表

转义字符	功能	ASCⅡ代码
\n	换行，将当前位置移到下一行开头	10
\t	水平制表符（TAB）	9
\b	退格，将当前位置移到前一列	8
\r	按“回车”键，将当前位置移到本行开头	13
\f	换页，将当前位置移到下页开头	12
\\	代表一个反斜杠字符”\”	92
\'	代表一个单引号字符	39
\"	代表一个双引号字符	34
\ddd	1～3 位八进制所代表的字符	1～3 位八进制
\xhh	1～2 位十六进制数所代表的字符	1～2 位十六进制

4. 字符串常量

用一对双引号括起来的字符序列称为字符串常量。例如：“Hello”和“Good morning”等，都是字符串常量。

字符串中字符的个数称为字符串长度。长度为 0 的字符串称为空串，表示为“”。

例如：“How are you？”，其长度分别为 12（空格也是一个字符）。

C 语言规定：在存储字符串常量时，由系统在字符串的末尾自动加一个'\0'作为字符串的结束标志。如果有一个字符串为“CHINA”，该字符串实际占用内存空间是 6 个字节，最后一个字节是系统自动加上的'\0'字符。

注意：

字符常量'b'与字符串常量“b”是两回事，两者有如下不同之处。

- 字符常量使用单引号，而字符串常量使用双引号。
- 字符常量存储的是字符的 ASCII 码值，而字符串常量，除了要存储有效的字符外，还要存储一个结束标志'\0'。

5. 符号常量

在 C 语言中，允许将程序中的常量定义一个标识符，该标识符称为符号常量。在 C 语言中有两种方法定义符号常量。

（1）使用编译预处理命令 define，例如：#define PI 3.141593。

（2）使用常量说明符 const，例如：const float PI=3.141593。

2.3.2 变量

在程序运行过程中其值可以被改变的量称为变量。

C 语言中变量遵循“先定义，后使用”的原则，即所有变量在使用之前必须明确定义。

变量定义的一般形式如下：

类型说明符　变量名列表;

1. 整型变量

整型变量就是其值为整数的变量，在内存中是以二进制的形式存放的，整型变量又分为 4 类：

（1）基本整型（类型关键字为 int）。

（2）短整型（类型关键字为 short［int］）。

（3）长整型（类型关键字为 long［int］）。

（4）无符号整型。无符号型又分为无符号基本整型（unsigned［int］）、无符号短整型（unsigned short［int］）和无符号长整型（unsigned long［int］）三种。

表 2-3 列出了 VC++中定义的整型数所占的字节数和数值范围，其中方括号中的单词可以省略。

表 2-3　整型变量数值的取值范围

整型数据类型	所占位数	所占字节数	数的表示范围
［signed］int	32	4	–2147483648～214748367，即-2^{31}～$2^{31}-1$
［signed］short［int］	16	2	–32768～32767，即-2^{15}～$2^{15}-1$
［signed］long［int］	32	4	–2147483648～214748367，即-2^{31}～$2^{31}-1$
unsigned［int］	32	4	0～4294967295，即 0～$2^{32}-1$
unsigned short［int］	16	2	0～65535，即 0～$2^{16}-1$
unsigned long［int］	32	4	0～4294967295，即 0～$2^{32}-1$

注意：

- 在一个整型常量后加一个字母 u 或 U，则认为是无符号整型，如 12u。
- 在一个整型常量后加一个字母 l 或 L，则认为是长整型，如 0L，12L。

2. 实型变量

实型变量又称为浮点型变量，按能够表示数的精度，又分为单精度（float 型）、双精度（double 型）和长双精度（long double 型），在 Visual C++中有关浮点型的数据见表 2-4。

表 2-4　浮点型数据

类型	所占位数	所占字节数	有效数字	数值范围
float	32	4	6～7	-3.4×10^{-38}～3.4×10^{38}
double	64	8	15～16	-1.7×10^{-308}～1.7×10^{308}
long double	128	16	18～19	-1.2×10^{-4932}～1.2×10^{4932}

对每一个浮点型变量都应在使用前加以定义，示例如下。

```
float  a, b, c;             /*定义 a, b, c 为单精度浮点数*/
double   x, y, z;           /*定义 x, y, z 为双精度浮点数*/
long double w;              /*定义 w 为长双精度浮点数*/
```

3. 字符变量

字符变量是用来存放字符常量的，并且只能放一个字符，而不是一个字符串。它的类型关键字用 char，占用 1 字节的内存单元。示例如下：

```
char c1,  c2;               /*定义两个字符变量 c1, c2*/
c1= 'a';  c2= 'A';          /*给字符变量赋值*/
```

将一个字符常量存储到一个字符变量中，实际上是将该字符的 ASCII 码值存储到内存单元中。例如，字符'A'的 ASCII 码值为 65，在内存中变量 c1 的一个字节中存放的是 01000001 这样一个二进制数。

4. 变量的使用

【例 2.1】短整型数据的溢出。

```
源程序
#include <stdio.h>
void main( )
{
    short int a, b;
    a=32767;
    b=a+1;
    printf("a=%d, b=%d\n", a, b);
}
```

运行结果

```
a=32767,b=-32768
```

从运行结果可以看出，一个短整型变量数据取值范围在–32768～32767 之间，无法表示小于–32768 或大于 32767 的数。遇到这种情况就发生“溢出”。但运行不报错。它好像汽车里程表一样，达到最大值以后，又从最小值开始计数。所以 32767 加 1 得不到 32768，而得到–32768。

【例 2.2】实型数据的定义和使用。

```
源程序
#include<stdio.h>
void main( )
{   float a, b;
    double c, d;
    a=3.142;
    b=1.414;
    printf("a+b=%f\n", a+b);
    printf("a-b=%f\n", a-b);
    c=33333.33333;
    d=33333.3333333333333;
    printf("%f\n%f\n", c, d);
}
```

运行结果

```
a+b=4.556000
a-b=1.728000
33333.333330
33333.333333
```

在［例 2.2］中，%f 表示以单精度形式表示数据，%f 所能表示的数据小数点后面统一为 6 位，其余部分四舍五入。c 和 d 定义的时候为双精度数据，但是在输出时按照%f 的格式输出。

【例 2.3】 假设银行定期存款的年利率是 3.25%，并已知存款期限为 *n* 年，存款本金为 *x* 元，编写程序计算 *n* 年后得到的本利之和是多少。要求分别使用单精度型和双精度型数据计算。

利用公式“本金之和=本金×（1+利率）^{n}”计算 *n* 年后的本利之和。定义变量 *x* 和 *n* 分别保存本金和存款年限。

```
源程序
#include "stdio.h"
#include "math.h"
void main( )
{
    float x=8451;                          /*定义变量 x 保存本金*/
    int n;
    float sum1=0.0;                        /*定义单精度实型数据 sum1 保存本利之和*/
    double sum2=0.0;                       /*定义双精度实型数据 sum2 保存本利之和*/
    printf("Enter the number of years: ");
    scanf("%d", &n);                       /*输入存款年限*/
    sum1=x*pow((1+0.0325), n);             /*计算本利之和并使用单精度实型变量保存*/
    sum2= x*pow((1+0.0325), n);            /*计算本利之和并使用双精度实型变量保存*/
    printf("sum1=%.8f, sum2=%.8lf", sum1, sum2);    /*分别输出本利之和*/
}
```

运行结果

```
Enter the number of years:2
sum1=9009.24121094,sum2=9009.24136875
```

【例 2.4】 转义字符的应用。

```
源程序
#include <stdio.h>
void main( )
{
    printf("please\t\x48\n");
}
```

运行结果

```
please  H
```

从运行结果可以看出，printf( )函数直接原样输出双引号内的普通字符 please，然后遇到转义字符“\t”其作用是横向跳到下一个输出区（每个输出区占 8 列），即在第 9 列输出字符 H。因为 please 占了 6 列，所以第一个输出区还剩 2 列，H 字符输出在第 9 列。

【例 2.5】 字符变量的字符形式输出和整数形式输出。

```
源程序
#include<stdio.h>
void main( )
{
    char ch1, ch2;
    ch1='a';  ch2='b';
    printf("ch1=%c, ch2=%c\n", ch1, ch2);
    printf("ch1=%d, ch2=%d\n", ch1, ch2);
}
```

运行结果

```
ch1=a,ch2=b
ch1=97,ch2=98
```

由程序运行结果可知，一个字符型数据，既可以字符形式输出，也可以整数形式输出。

2.4　运算符与表达式

C 语言的运算符很丰富，除了控制语句和输入输出外几乎所有的基本操作都作为运算符处理。运算对象也称为操作数，C 语言中的运算对象有下列三种情况：

（1）运算符的运算对象可以是一个，此时的运算符称为“单目运算符”。

（2）运算对象最常见的有两个，此时参与运算的运算符称为“双目运算符”。双目运算都是放在两个运算对象的中间。

（3）运算对象还可以是三个，称“三目运算符”。三目运算符在 C 语言中只能是条件运算符，夹在三个运算对象之间。

表达式是用运算符与圆括号将操作数（运算对象）连接起来所构成的式子。C 语言的操作数包括常量、变量和函数值等。

2.4.1　算术运算符与算术表达式

1. 算术运算符

（1）+：加法运算符或取正值运算符，如 10+20、+20。

（2）–：减法运算符或取负值运算符，如 20–10、–20。

（3）*：乘法运算符，如 1*5。

（4）/：除法运算符，如 7/2。

（5）%：求余运算符，或称模运算符，如 7%2 的值为 1。

2. 算术表达式和运算符的优先级与结合性

由算术运算符、括号以及操作对象组成的符合 C 语言语法规则的表达式称为算术表达式。例如，2+5 和 a*b–x+y 等，都是算术表达式。

C 语言规定了运算符的优先级和结合性。在表达式求值时，先按运算符的优先级别高低次序执行。例如，先乘除后加减。如表达式 x–y*z，y 的左侧为减号，右侧为乘号，而乘号优先于减号，因此，相当于 x–（y*z）。

如果一个运算对象两侧的运算符的优先级别相同，如 a–b+c，则按规定的“结合方向”处理。C 语言规定了各种运算符的结合方向（结合性），算术运算符的结合方向为“自左至右”，即先左后右，因此 b 先与减号结合，执行 a–b 的运算，再执行加 c 的运算。“自左至右的结合方向”又称“左结合性”，即运算对象先和左边的运算符结合。以后可以看到有的运算符的结合方向为“自右至左”，即右结合性。

C 语言的优先级与结合性见附录 B。

【例 2.6】 编写程序，计算函数 $y=\dfrac{x^2-5x+3}{x-2}$ 的值，x 为整数，要求从键盘输入。

将数学表达式 $\dfrac{x^2-5x+3}{x-2}$ 写成 C 语言表达式为 y=（x*x–5*x+3）/（x–2），通过计算表达式得到函数值。

```
源程序
#include "stdio.h"
void main( )
{
    int x=0;
    float y=0.0;
    printf("input an integer x(x<2 or x>2): ");
    scanf("%d", &x);                    /*从键盘输入一个整数值，赋值给变量 x */
    y=(float)(x*x-5*x+3)/(x-2);     /*计算表达式并将结果赋值给变量 y */
    printf("x=%d, y=%f\n", x, y);   /*输出 x 和 y 的值 */
}
```

运行结果

```
input an integer x(x<2 or x>2):6
x=6,y=2.250000
```

3. 算术运算中的类型转换

（1）自动类型转换。在C语言中，整型、实型和字符型数据间可以混合运算（因为字符数据与整型数据可以通用）。如果一个运算符两侧的操作数的数据类型不同，则系统按“先转换、后运算”的原则，首先将数据自动转换成同一类型，然后在同一类型数据间进行运算。转换规则如图 2-3 所示。

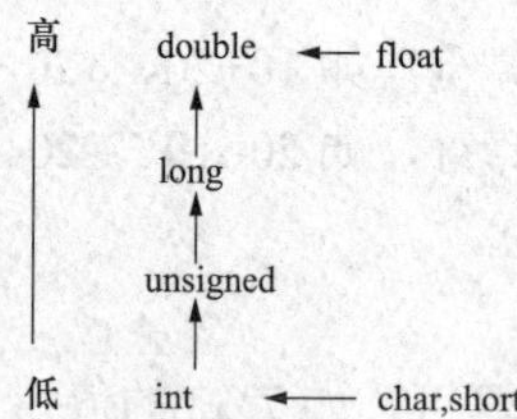

图 2-3 数据类型转换关系示意图

图 2-3 中横向向左的箭头表示必须的转换。char 和 short 型必须先转换成 int 型，float 型数据运算时首先要转换成 double 型，以提高运算的精度。

纵向向上的箭头表示当对象为不同类型数据时的转换方向。数据总是由低级别向高级别转换的。例如，int 型与 double 型数据进行混合运算，则先将 int 型数据转换成 double 型，然后在两个同类型的数据间进行运算，结果为 double 型。

（2）强制类型转换运算符。可以利用强制类型转换运算符将一个表达式转换成所需类型。例如：

```
(double)x(等价于(double)(x))       /*将变量 x 的值转换成 double 型*/
(int)(a+b+c)                       /*将 a+b+c 的结果转换成 int 型*/
(float)7/2(等价于(float)(7)/2      /*将 7 转换成实型，再除以 3(结果为 3.5)*/
(float)(7/2)                       /*将 7 整除 2 的结果(3)转换成实型(3.0)*/
```

其一般格式为：

(类型名)(表达式)

当被转换的表达式是一个简单表达式时，外面的一对圆括号可以省略。

4. 自增、自减运算符

自增、自减运算符都是单目运算符，用来对整型、字符型、指针型以及数组元素等变量进行算术运算，其运算结果与原来的类型相同，并存回原来的运算对象，例如：

（1）++m：先使 m 的值加 1，再使用变量 m。

（2）m++：先使用 m 的值，再使变量 m 加 1。

（3）−−m：先使 m 的值减 1，再使用变量 m。

（4）m−−：先使用 m 的值，再使变量 m 减 1。

【例 2.7】自增、自减运算符应用。

```
源程序
#include <stdio.h>
void main( )
{
    int a=1, b;
    printf("a=%d\n", a);            /*输出 a 的初值*/
    b=++a;                          /*先使 a 的值加 1，再使用变量 a*/
    printf("a=%d, b=%d\n", a, b);
    b=a--;                          /*先使用 a 的值，再使变量 a 减 1*/
    printf("a=%d, b=%d\n", a, b);
}
```

运行结果

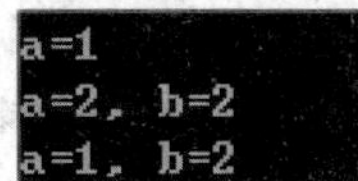

```
a=1
a=2, b=2
a=1, b=2
```

2.4.2　关系运算符和关系表达式

“关系运算”实际上是“比较运算”。由关系运算符连接起来的式子称为关系表达式，关系表达式的值为真（即“条件满足”），用 1 表示；关系表达式的值为“假”，用 0 表示。

C 语言提供以下 6 种关系运算符：

<(小于)　<=(小于或等于)　>(大于)　>=(大于或等于)　==(等于)　!=(不等于)

在 6 种关系运算符中，前 4 种关系运算符优先级相同，后 2 种关系运算符优先级相同，且前 4 种关系运算符优先级高于后 2 种关系运算符优先级。

例如，下面都是合法的关系表达式：

```
a>b, a+b>b+c, 'a'>'b', c<=a+b, x==y, a!=b
```

关系表达式的值可以赋值给相应的变量，如 a=3>2，则 a 的值为 1，因为表达式“3>2”成立，如果表达式改为 a=3>3，a 的值为 0，因为表达式“3>3”不成立。

2.4.3 逻辑运算符和逻辑表达式

C 语言提供以下 3 种逻辑运算符：

&&：当且仅当两个运算量的值都为“真”时，运算结果为“真”，否则为“假”。
||：当且仅当两个运算量的值都为“假”时，运算结果为“假”，否则为“真”。
!：当运算量的值为“真”时，运算结果为“假”；当运算量的值为“假”时，运算结果为“真”。

例如，下面表达式都是逻辑表达式：

1）表示“三门课成绩均为及格”的逻辑表达式为：

```
(math>=60)&&(phys>=60)&&(engl>=60)
```

2）表示“三门课成绩中至少有一门不及格”的逻辑表达式为：

```
(math<60)||(phys<60)||(engl<60)
```

3）判别某一年 year 是否闰年，闰年符合以下条件：能被 4 整除但不能被 100 整除，或者能被 4 整除又能被 100 整除。可用逻辑表达式表示为：

```
((year%4==0)&&(year%100!=0))||(year%400==0)
```

在三个逻辑运算符中，逻辑非（!）优先级最高，逻辑与（&&）次之，逻辑或（||）最低。

与其他运算符的优先级相比，其优先级由高到低，如下所示：

!→算术运算→关系运算→&&→||→赋值运算

在判断一个数据的“真”或“假”时，以 0 和非 0 为根据：如果为 0，则判定为“假”；如果为非 0，则判定为“真”。

对于运算符“&&”来说，只有左边表达式的值为真时，才计算右边表达式的值。而对于运算符“ || ”来说，只有左边表达式的值为假时，才计算右边表达式的值。反之，当“&&”左边的表达式为假时，右边的表达式就不用参加运算了，当“||”左边的表达式为真时，右边的表达式也不运算。

例如，语句“(m=a>b) && (n=c>d);”，当 a=1，b=2，c=3，d=4，m 和 n 原值为 1。由于“a>b”的值为 0，因此 m=0，而“n=c>d”不执行，所以 n 的值不是 0 而仍保持原值 1。

假设 n1=5，n2=2，n3=3，n4=4，x=2，y=1，则求解表达式“(x=n1>n2) || (y=n3>n4)”后，x 的值变为 1，而“y=n3>n4”不执行，y 的值不变，仍等于 1。

2.4.4 赋值运算符和赋值表达式

赋值表达式的格式为：

变量名=表达式

其中“=”称为赋值运算符，赋值表达式的功能是计算“=”右边表达式的值并存入“=”左边的变量中。

C 语言提供两种赋值运算符：简单赋值运算符和复合赋值运算符。

简单赋值运算符“=”是一种二元运算符，必须连接两个运算量，其左边只能是变量或数组元素，右边可以是任何表达式。

例如：a=a+1，b=a+c 等是正确的赋值表达式，而 2=c，a+2=1 等则是错误的赋值表达式。

复合赋值运算符由简单赋值运算符“=”和另外一个二元运算符组成，具有计算和赋值双重功能，共有 10 种，分别是+=、−=、*=、/=、%=、&=、|=、^=、<<=、>>=。其中前 5 个

为复合算术运算符，后 5 个为复合位运算符。

复合算术运算符的功能和含义见表 2-5。

表 2-5　C 语言中复合算术运算符

名称	运算符	运算规则	结合性
加赋值	+=	a+=b 等价于 a=a+b	右结合
减赋值	−=	a−=b 等价于 a=a−b	
乘赋值	*=	a*=b 等价于 a=a*b	
除赋值	/=	a/=b 等价于 a=a/b	
模赋值	%=	a%=b 等价于 a=a%b	

赋值表达式的值就是被赋值变量的值，示例如下。

```
x=10;          /*这个赋值表达式的值为 10(x 变量的值也是 10)*/
```

“a+=a−=a*=a;” 设 a=2，求 a 的值。

此赋值表达式的运算过程是：

先计算“a*=a”的值，即相当于 a=a*a=2*2=4。

再计算“a−=4”的值，即相当于 a=a−4=4−4=0。

最后计算“a+=0”的值，即相当于 a=a+0=0+0=0。

2.4.5　条件运算符和条件表达式

条件运算符要求有 3 个操作对象，称三目（元）运算符。条件表达式的一般格式如下：

```
表达式 1?表达式 2: 表达式 3
```

如果“表达式 1”的值为非 0（即真），则运算结果等于“表达式 2”的值；否则，运算结果等于“表达式 3”的值。

例如：x=a>b?a：b，当 a=20，b=10 时，x=20。

条件运算符的优先级，高于赋值运算符，但低于关系运算符和算术运算符。其结合性为“从右到左”(即右结合性)。示例如下：

根据条件运算符的右结合性，x=a>b?a：c>d?c：d，等价于 x=a>b?a：(c>d?c：d)。

当 a=1，b=2，c=3，d=4 时，x 的值为 4。

【例 2.8】从键盘上输入一个字符，如果它是大写字母，则把它转换成小写字母输出；否则，直接输出。

```
源程序
#include<stdio.h>
void main( )
{
    char ch;
    printf("Input a character: ");
    scanf("%c", &ch);                          /*输入一个字符*/
    ch=(ch>='A'&&ch<='Z')?(ch+32): ch;   /*若是大写字母则转换小写，否则直接输出*/
    printf("ch=%c\n", ch);
}
```

运行结果

```
Input a character: A
ch=a
```

由于大写字母的 ASCII 码值比小写字母的 ASCII 码值小 32，所以 ch+32 表示将大写字母转换成小写字母，ch−32 表示将小写字母转换成大写字母。

2.4.6 逗号运算符和逗号表达式

C 语言提供一种特殊的运算符，即逗号运算符。逗号运算符的优先级是 C 语言中所有运算符中最低的，结合方向为左结合。

逗号表达式是由一系列逗号将表达式连接起来的式子，其一般形式如下：

表达式 1，表达式 2，…，表达式 n

逗号表达式的求解过程：由逗号隔开的一对表达式从自左至右依次计算各表达式的值，“表达式 n”的值即为整个逗号表达式的值。

例如，求逗号表达式“(a=2*3，a*4)，a+2”的值，先求解 a=2*3，得 a=6；再求 a*4=24；最后求解 a+2，即 6+2=8，所以逗号表达式的值为 8，而 a=6。

2.4.7 位运算符

C 语言提供了 6 种位运算。

（1）“取反”运算符（～）。

格式：～x

规则：参与运算的数的各个二进位按位求反，即将 0 变 1，将 1 变 0。

例如：～5= 250

```
         00000101        （十进制 5）
  (～)
  ---------------
         11111010        （十进制 250）
```

（2）“按位与”运算符（&）。

格式：x&y

规则：参与运算的两数各对应的二进位相与，只有对应的两个二进位均为 1 时，结果位才为 1，否则为 0。

例如：9&5=1

```
         00001001        (十进制 9)
  (&)    00000101        (十进制 5)
  ----------------
         00000001        (十进制 1)
```

（3）“按位或”运算符（|）。

格式：x|y

规则：参与运算的两数各对应的二进位相或，只要对应的两个二进位有一个为 1 时，结果位就为 1。

例如：9|5=13

```
         00001001        (十进制 9)
  (|)    00000101        (十进制 5)
  ----------------
         00001101        (十进制 13)
```

（4）“异或”运算符（^）。

格式：x^y

规则：参与运算的两数各对应的二进位相异或，当两个对应的二进位相异时结果为 1，相同时为 0。

例如：9^5=12

```
         00001001     (十进制 9)
(^)      00000101     (十进制 5)
-------------------
         00001100     (十进制 12)
```

（5）“左移”运算符（<<）。

格式：x<<位数

规则：把“<<”左边的运算数的各二进位全部左移若干位，由“<<”右边的数指定移动的位数，高位丢弃，低位补 0。

例如：5<<2=20

```
           00000101
(<<2)
-------------------
           00010100
```

（6）“右移”运算符（>>）。

格式：x>>位数

规则：把“>> ”左边的运算数的各二进位全部右移若干位，“>>”右边的数指定移动的位数。应该注意符号位的问题，对无符号数，右移时左边高位移入 0；对于有符号数，右移时符号位将随同移动。当为正数时，最高位补 0；为负数时，符号位为 1 时，最高位是补 0 或是补 1 取决于编译系统的规定，Turbo C 和很多系统规定为补 1。

例如：20 >> 2=5

```
           00010100
(>>2)
-------------------
           00000101
```

习题

一、选择题

1．C 语言中允许的基本数据类型包括（　　）。

A）整型、实型、逻辑型　　B）整型、实型、字符型

C）整型、字符型、逻辑型　　D）整型、实型、逻辑型、字符型

2．下列属于 C 语言合法的字符常量是（　　）。

A）’\97’　　B）”A”　　C）’\t’　　D）”\0”

3．在 C 语言（VC 环境）中，5 种基本数据类型的存储空间长度的排列顺序为（　　）。

A）char<int<=long int<=float<double

B）char=int<long int<=float<double

C）char<int<long int=float=double

D）char=int=<long int<=float<double

4．在 C 语言中（VC 环境），一定是长整型常数的是（　　）。

A）0L　　B）4962710　　C）0412765　　D）0xa34b7fe

5．若有以下定义语句 char c1=’b’，c2=’e’；printf（“%d，%c\n”，c2–c1，c2–‘a’+’A’）；则输出结果是（　　）。

A）2，M

B）3，E

C）2，E

D）输出项与相应的格式控制不一致，输出结果不确定

6．以下合法的赋值语句是（　　）。

A）x=y=100　　B）d– –;　　C）x+y　　D）c =int（a+b）

7．设变量 t 为 int 型，下列选项中不正确的赋值语句是（　　）。

A）++t;　　B）n1=（n2=（n3=0））;

C）k=i==m;　　D）a=b+c=1;

8．在以下一组运算符中，优先级最高的是（　　）。

A）<=　　B）==　　C）%　　D）&&

9．以下选项中，与 k=n++完全等价的表达式是（　　）。

A）k=n，n=n+1　　B）n=n+1，k=n　　C）k=++n　　D）k+=n+1

10．设有 int x=15；则表达式（x++*1/4）的值是（　　）。

A）3　　B）4　　C）15　　D）16

11. 设 a 是 int 型，f 是 float 型，i 是 double 型，则表达式 a+'b'+i*f 值的数据类型为(　　)。

A）int　　B）float　　C）double　　D）不确定

12．下列数据中，不合法的 C 语言实型数据是（　　）。

A）0.1234　　B）1234e4　　C）2.0e2.5　　D）369.0

13．已知 int i；float j；正确的语句是（　　）。

A）（int j）%i　　B）int（j）%i　　C）int（j%i）　　D）（int）j%i

14．若执行以下程序段后 x3 的值是（　　）。

```
int x1=1, x2=2, x3;
x3=1.0/x2*x1;
```

A）0　　B）0.5　　C）1　　D）2

15．若有说明语句：char c='\72'；则变量 c（　　）。

A）包含 1 个字符　　B）包含 2 个字符

C）包含 3 个字符　　D）说明不合法，c 的值不确定

16．下列运算符中，哪个运算符的优先级最高（　　）。

A）<=　　B）+　　C）||　　D）>=

17．数值 029 是一个（　　）。

A）八进制数　　B）十六进制数

C）十进制数　　D）非法数

18．以下选项中不属于 C 语言的类型的是（　　）。

A）signed short int　　B）unsigned long int

C）unsigned int　　D）long short

19．以下符合 C 语言语法的赋值表达式是（　　）。

A）d=9+e+f=d+9　　B）d=9+e=f=d+9

C）d=9+e，e++　　D）d=9+e++=d+7

20. 当 c 的值不为 0 时，以下能将 c 的值赋给变量 a，b 的是（　　　）。

A）c=b=a　　　　B）（a=c）||（b=c）

C）（a=c）&&（b=c）　　　　D）a=c=b

21. 设 int x=1，y=1；表达式（!x||y– –）的值是（　　　）。

A）0　　B）1　　C）2　　D）−1

二、填空题

1. 若 k 为 int 型变量且赋值 12，请写出运算 k++后表达式的值___________和变量 k 的值___________。

2. $\sqrt{b^2-4ac}$ 的 C 语言表达式为___________。

3. 已知：int x；则逗号表达式（x=4*5，x*5，x+25）的结果是___________。

4. 若有定义：int m=5，y=2；则计算表达式 y+=y–=m*=y 后的 y 值是___________。

5. 已知 int x=6；则执行 x+=x–=x*x 语句后，x 的值是___________。

6. 已知字母 a 的 ASCII 码为十进制数 97，且设 ch 为字符型变量，则表达式 ch='a'+'8'–'3'的值为___________。

7. 假定有如下定义：

```
int i ;
char c ;
```

下面哪些是合法的 C 语句？

```
c = 'A' ;      ___________
i = "1" ;      ___________
i = 1 ;        ___________
c = "A" ;      ___________
c = '1';       ___________
```

8. 请确定下列常量的数据类型：

```
(a)'x'         ___________
(b)-39         ___________
(c)39.99       ___________
(d)-39.0       ___________
```

9. 下列哪些是合法的变量定义？

```
(a)integer account_code ;   ___________
(b)float balance ;          ___________
(c)decimal total ;          ___________
(d)int age ;                ___________
(e)double int ;             ___________
(f)char c ;                 ___________
```

10. ASCII 码用于表示计算机内存中的字母、数字和其他符号。使用附录 A 中的 ASCII 码表查找下面每个字符的 ASCII 编码：

'A' 'B' 'Y' 'Z' 'a' 'b' 'y' 'z' '0' '1' ',' ' '（空格）

11. 将下列数学方程转化为合法的 C 语言表达式：

（a）$m=\dfrac{y_1-y_2}{x_1-x_2}$

（b）$y = mx + c$

（c）$a = \frac{b}{c} - \frac{d}{e}$

（d）$C = \frac{5(F - 32)}{9}$

（e）$s = ut + \frac{1}{2}at^2$

第 2 章　习题答案

第3章 顺序结构程序设计

课前导读

顺序结构是C语言中的基本控制结构，顺序结构程序中，各语句（或命令）是按照位置的先后次序，顺序执行的，且每个语句都会被执行到。C语言本身不提供输入/输出语句，输入和输出操作是由函数来实现的，在C标准函数库中提供了一些输入/输出函数。本章重点掌握格式输入/输出函数和字符输入/输出函数的使用方法，掌握顺序结构程序的编写方法，本章难点是格式输入/输出函数中的格式描述符的用法。

学习目标

- 了解C语言的基本语句构成；
- 掌握字符输出函数putchar( )的使用方法；
- 掌握字符输入函数getchar( )的使用方法；
- 掌握格式输出函数printf( )的使用方法；
- 掌握格式输入函数scanf( )的使用方法；
- 掌握顺序结构程序设计应用。

教学要求

本章的教学要求见表3-1。

表3-1 第3章教学要求

知识要点	教学要求	能力要求
基本语句	了解C语言的基本语句构成，主要包括5类语句，控制语句、表达式语句、函数调用语句、空语句和复合语句的应用	了解C语言的基本语句的组成
字符数据的输入/输出	掌握getchar( )函数的使用方法； 掌握putchar( )函数的使用方法	对单个字符进行输入/输出的能力
格式的输入/输出	掌握printf( )函数的使用方法； 掌握scanf( )函数的使用方法	不同类型数据的格式化输入/输出能力
顺序结构程序设计	掌握顺序结构程序设计应用	编写顺序结构程序的能力

思维导图

本章的思维导图如图3-1所示。

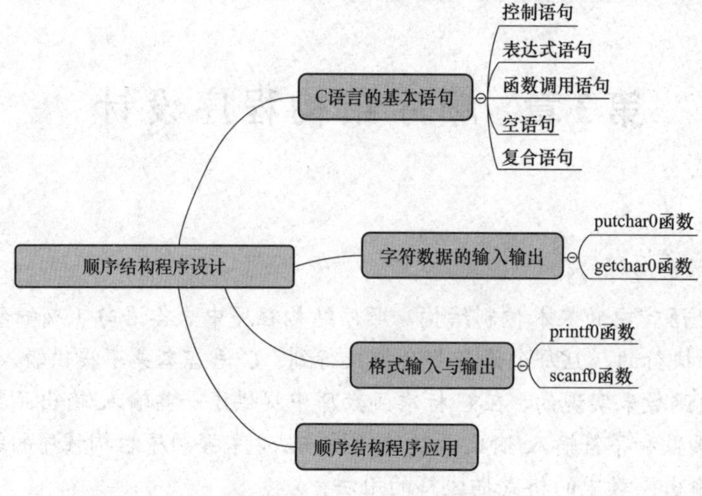

图 3-1 第 3 章思维导图

3.1 问题提出与程序示例

1. 问题描述——计算并输出圆柱体的侧面积和体积。

假设用 radius 和 high 代表圆柱体的半径和高，计算圆柱体的侧面积 carea 和体积 volume，然后输出计算结果。

2. 程序代码

源程序

```
#include <stdio.h>
void main( )
{
    float radius, high, carea, volume, pi=3.14159;
    printf("请输入圆的半径: \n");
    scanf("%f", &radius);                /*从键盘输入一个实数赋给变量 radius*/
    printf("请输入圆柱体的高: \n");
    scanf("%f", &high);                  /*从键盘输入一个实数赋给变量 high*/
    carea=2.0*pi*radius*high;            /*计算圆柱体侧面积*/
    volume=pi*radius*radius*high;        /*计算圆柱体体积*/
    printf("radius=%f\n", radius);       /*输出圆柱体底面半径*/
    printf("high=%f\n", high);           /*输出圆柱体的高*/
    printf("carea=%7.2f, volume=%7.2f\n", carea, volume);
                                         /*输出圆柱侧面积和体积*/
}
```

运行结果

```
请输入圆的半径:
1
请输入圆柱体的高:
2
radius=1.000000
high=2.000000
carea=  12.57,volume=   6.28
```

3. 程序说明

（1）从程序中可以看出顺序结构程序都是按照语句的书写顺序依次执行的。

（2）scanf( )函数是系统提供的用于输入的库函数，在文件 stdio.h 中声明，该函数用于从键盘输入数据。

（3）printf( )函数是系统提供的用于输出的库函数，在 printf( )函数中双引号内除%f、%7.2f 以外的内容原样输出，%f 表示十进制小数形式输出，保留六位小数，%7.2f 表示十进制小数形式输出，保留两位小数。

3.2 C 语言的基本语句

在一个实际的 C 语言程序中应包含若干条语句，每一条语句都是用来完成一定操作任务的。C 语言的语句可以分为以下 5 类。

1. 控制语句

控制语句用于完成一定的控制功能。C 语言中只有以下 9 种控制语句。

```
(1)if( )…else…          /*条件语句*/
(2)for( )…              /*循环语句*/
(3)while( )…            /*循环语句*/
(4)do…while( )          /*循环语句*/
(5)continue             /*结束本次循环语句*/
(6)break                /*中止执行 switch 或循环语句*/
(7)switch               /*多分支选择语句*/
(8)goto                 /*转向语句*/
(9)return               /*从函数返回语句*/
```

2. 表达式语句

表达式语句由表达式后加一个分号构成。

例如：a=5 是一个赋值表达式，而“a=5;”是一个赋值语句。

任何表达式都可以加上分号而成为语句。

例如：m++；z=x+y；等。

3. 函数调用语句

函数调用语句由一个函数调用加一个分号构成，例如：

```
printf("Please input two numbers:  ");
```

4. 空语句

空语句仅由一个分号构成。空语句什么操作也不执行。例如，下面就是一个空语句：

```
;
```

空语句有时用来做循环语句中的循环体（循环体是空语句，表示循环体什么也不做）。

5. 复合语句

可以用{ }把一些语句括起来构成复合语句。例如，下面的语句是一个复合语句。

```
{
    t=a;
```

```
        a=b;
        b=t;
}
```

3.3 字符数据的输入输出

在 C 标准函数库中提供了一些输入/输出函数，在使用 C 语言函数时，要用编译预命令“#include”将有关的“头文件”包括到用户源文件中。在调用标准输入/输出库函数时，文件开头应有以下编译预命令。

```
#include <stdio.h> 或 #include "stdio.h"
```

3.3.1 字符输出函数 putchar( )

字符输出函数一般格式如下：

```
putchar(ch);
```

它输出字符变量 ch 的值，ch 可以是字符变量或整型变量。

功能：向终端输出一个字符。

【例 3.1】 使用 putchar( )函数输出字符。

```
源程序
#include <stdio.h>
void main( )
{
    char ch1, ch2, ch3, ch4;
    ch1='G'; ch2='o'; ch3='o'; ch4='D';
                             /*输出 ch1, ch2, ch3, ch4 的值, 并换行*/
    putchar(ch1); putchar(ch2); putchar(ch3); putchar(ch4);  putchar('\n');
    putchar(ch1);  putchar('\n');       /*输出 ch1 的值, 并换行*/
    putchar(ch2);  putchar('\n');       /*输出 ch2 的值, 并换行*/
    putchar(ch3);  putchar('\n');       /*输出 ch3 的值, 并换行*/
    putchar(ch4);  putchar('\n');       /*输出 ch4 的值, 并换行*/
}
```

运行结果

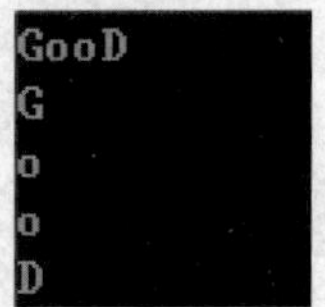

使用 putchar( )函数可以在屏幕上输出一个字符，也可以输出控制字符，如 putchar（'\n'）的作用是输出一个换行符。

3.3.2 字符输入函数 getchar( )

字符输入函数的一般形式如下：

```
ch=getchar( );
```

功能：接收从系统的输入终端（如键盘）输入的一个字符。

注意：

➘ getchar( )函数只能接收单个字符，其中，空格、回车符都将作为字符输入。

【例 3.2】说明 getchar( )函数的格式和作用。

```
源程序
#include <stdio.h>                          /*文件包含*/
void main( )
{   char  ch;
    printf("Please input two character:  ");
    ch=getchar( );                          /*输入 1 个字符并赋给 ch*/
    putchar(ch); putchar('\n');             /*输出 1 个字符并换行*/
    putchar(getchar( ));                    /*输入一个字符并输出*/
    putchar('\n');
}
```

运行结果

```
Please input two character: ab
a
b
```

getchar( )函数只能用于单个字符的输入，一次输入一个字符。从键盘输入 ab 字符时，首先将字符 a 输入到字符变量 ch 中，输出字符 a，并换行，然后再将输入的字符 b 进行输出，并换行。

3.4 格式输入与输出

3.4.1 格式输出函数 printf( )

1. printf( )函数格式

功能：向计算机系统默认的输出设备（一般指终端或显示器）输出一个或多个任意类型的数据。

格式如下：

```
printf("输出提示信息字符串");
```

【例 3.3】输出一个简单字符串。

```
源程序
#include<stdio.h>
void main( )
{   printf("*******************\n");     /*输出一排*后换行*/
}
```

运行结果

```
*********************
```

printf( )函数的一般格式如下：

```
printf(格式控制字符串, 输出列表);
```

例如：printf（"area=%f"，area）;

（1）格式控制字符串。由双引号括起来的字符串，主要包括格式说明和需要原样输出的字符。

1）格式说明。由“%”和格式字符组成，“%”后各种格式字符，以说明输出数据的类型、形式、长度及小数位数等。

2）普通字符。需要原样输出的字符。如“printf（"area=%f"，area）；”语句中的“area=”就是普通字符，原样输出。

（2）输出列表。格式中输出列表和格式字符在数量和类型上必须一一对应。输出列表是需要输出的一些数据，可以是常量、变量和表达式。

【例 3.4】输出格式实例。

```
源程序
#include<stdio.h>
void main( )
{   int a=10, b=9;
    printf("a+b=%d    a-b=%d", a+b, a-b);
}
```

运行结果

```
a+b=19    a-b=1
```

2. 格式字符

输出不同类型的数据，要使用不同的格式字符。printf( )函数中使用的格式字符见表 3-2 所示。

表 3-2　printf( )函数格式字符

格式字符	作用
d 或 i	以十进制整数形式带符号输出
o	以八进制整数形式无符号输出（不带前缀 0）
x X	以无符号输出十六进制整数（不带前缀 0x），其中字母小写； 以无符号输出十六进制整数（不带前缀 0X），其中字母大写
u	以十进制整数形式无符号输出
f	以十进制小数形式输出单、双精度数（默认 6 位小数）
e E	以指数形式输出单、双精度数
g G	自动选用%f 或%e 中较短的宽度输出单、双精度数
c	输出一个字符
s	输出一个字符串
ld、lo、lx、lu	长整型、长八进制、长十六进制、无符号长整型输出
m 格式字符	按宽度 m 输出，右对齐
–m 格式字符	按宽度 m 输出，左对齐
m.n 格式字符	按宽度 m，n 位小数，或截取字符串前 n 个字符输出，右对齐
–m.n 格式字符	按宽度 m，n 位小数，或截取字符串前 n 个字符输出，左对齐

（1）d 格式字符：以十进制整数形式输出数据，有以下几种形式：

1）%d：按整型数据的实际宽度输出。

2）%md：m 为一个正整数，用以指定输出数据所占的宽度。如果数据的位数小于 m，则右对齐，左端补以空格；若数据位数大于 m，则按实际位数输出。

3）%-md：m 为一个正整数，用以指定输出数据所占的宽度。如果数据的位数小于 m，则左对齐，右端补以空格，若数据位数大于 m，则按实际位数输出。

4）%ld：输出长整型数据。

【例 3.5】运行下面的程序，注意格式说明符的应用。

源程序

```
#include "stdio.h"
void main( )
{
    int a=135;
    long b=123456;
    printf("a=%d\n", a);          /*%d 整型数据输出*/
    printf("b=%ld\n", b);         /*%ld 长整型数据输出*/
    printf("a=%2d\n", a);         /*数据位数>宽度 2，按实际输出*/
    printf("b=%5ld\n", b);        /*数据位数>宽度 5，按实际输出*/
    printf("a=%5d\n", a);         /*数据位数<宽度 5，右对齐，左补空格*/
    printf("b=%10ld\n", b);       /*数据位数<宽度 10，右对齐，左补空格*/
    printf("a=%-5d\n", a);        /*数据位数<宽度 5，左对齐，右补空格*/
    printf("b=%-10ld\n", b);      /*数据位数<宽度 10，左对齐，右补空格*/
}
```

运行结果

```
a=135
b=123456
a=135
b=123456
a=  135
b=    123456
a=135
b=123456
```

（2）c 格式符：用来输出一个字符。

【例 3.6】单个字符数据的输出。

源程序

```
#include<stdio.h>
void main( )
{
    char c='A';
    int i=65;
    printf("c=%c, %d\n", c, c);
    printf("i=%c, %d\n", i, i);
}
```

运行结果

```
c=A,65
i=A,65
```

（3）s 格式符：用来输出一个字符串。

【例 3.7】字符串的输出。

源程序

```
#include<stdio.h>
```

```
void main( )
{
   printf("%s\n", "Hello, world!");          /*原样输出一个字符串*/
   printf("%5s\n", "Hello, world!");         /*串长度大于 5，字符串原样输出*/
   printf("%15s\n", "Hello, world!");        /*串长小于 15，则右对齐左补空格。*/
   printf("%-15s\n", "Hello, world!");       /*串长小于 15，则左对齐右补空格。*/
   printf("%10.5s\n", "Hello, world!");      /*占 10 列，取字符串左端 5 个字符，
                                               右对齐*/
   printf("%-10.5s\n", "Hello, world!");     /*占 10 列，取字符串左端 5 个字符，
                                               左对齐*/
}
```

运行结果

```
Hello,world!
Hello,world!
   Hello,world!
Hello,world!
     Hello
Hello
```

（4）f 格式符：用来输出实数（包括单精度实数和双精度实数），以小数形式输出，并输出 6 位小数。双精度数也可以用%lf 格式输出。

【例 3.8】输出实数时指定小数位数。

源程序

```
#include "stdio.h"
void main( )
{
    float f1=123.456;
    double f2=123.456;
    printf("f1=%f\n", f1);         /*输出单精度实数、小数 6 位*/
    printf("f1=%10.2f\n", f1);  /*实数占 10 位、小数 2 位，第 3 位小数 4 舍 5 入，右对齐*/
    printf("f1=%-10.2f\n", f1); /*实数占 10 位、小数 2 位，第 3 位小数 4 舍 5 入，左对齐*/
    printf("f1=%.2f\n", f1);     /*小数点后第 3 位 4 舍 5 入，输出 2 位小数*/
    printf("f2=%f\n", f2);         /*输出双精度实数、小数 6 位*/
    printf("f2=%10.2f\n", f2);
    printf("f2=%-10.2f\n", f2);
    printf("f2=%.2f\n", f2);
}
```

运行结果

```
f1=123.456001
f1=    123.46
f1=123.46
f1=123.46
f2=123.456000
f2=    123.46
f2=123.46
f2=123.46
```

说明：对于单精度实数，前 7 位是有效数字，而对于双精度实数，前 16 位是有效的。

【例 3.9】输出不同的数据类型的应用。

源程序

```
#include "stdio.h"
void main( )
```

```
{
    int a, b;
    float c;
    double d;
    char ch ;
    a=1234;
    b=8;
    c=12.34;
    d=12.123456;
    ch='A';
    printf("a=%d, a=%4d\n", a, a );          /* 以十进制整数形式输出整数 a 的值*/
    printf("b=%o, b=%x, b=%u\n", b, b, b); /* 以八进制、十六进制、无符号数输出 b
                                              的值*/
    printf("c=%f, c=%6.1f\n", c, c);        /* 输出单精度实数 c 的值 */
    printf("d=%f, d=%6.1f\n", d, d);        /* 输出双精度实数 d 的值 */
    printf("ch=%c\n", ch);                   /* 输出字符变量 ch 的值*/
}
```

运行结果

```
a=1234, a=1234
b=10,b=8,b=8
c=12.340000,c=  12.3
d=12.123456,d=  12.1
ch=A
```

3.4.2 格式输入函数 scanf( )

1. scanf( )函数格式

功能：用来输入任何类型的数据，可以同时输入多个同类型的或不同类型的数据。

scanf( )函数的一般格式如下：

```
scanf(格式控制字符串, 地址列表);
```

（1）格式控制字符串。含义和 printf( )函数相同，由双引号括起来的字符串，主要包括格式说明和需要原样输入的字符。

格式说明由“%”和格式符组成的，作用是将输入数据转换为指定格式后存入到由地址表所指的相应变量中。

（2）地址列表。“地址列表”是由若干个地址组成的列表，可以是变量的地址或字符串的首地址。如果有多个变量，则各变量之间用逗号隔开。地址运算符为“&”，如变量 a 的地址可以写为&a。

scanf( )函数中使用的格式字符见表 3-3。

表 3-3　　scanf( )函数的类型字符

格式字符	作用
d 或 i	输入有符号的十进制整数
u	输入无符号的十进制整数
o	输入无符号的八进制整数
X，x	输入无符号的十六进制整数
c	输入单个字符

续表

格式字符	作用
s	输入一个字符串
f	输入单精度实型数据，（可以用小数形式或指数形式）
E，e，g，G	与 f 作用相同（大小写作用一样）
lf、le、lg	输入双精度实型数据
ld、lo、lx、lu	输入长整型数据
hd、ho、hx	输入短整型数据

【例 3.10】 scanf( )函数格式控制字符串中没有普通字符的应用。

源程序

```
#include "stdio.h"
void main( )
{
    int a, b;
    scanf("%d%d", &a, &b);
    printf("a=%d, b=%d\n", a, b);
}
```

运行结果

```
10 20
a=10,b=20
```

注意：

- “格式控制”字符串只有格式说明“%d%d”，没有普通字符，输入数据时，在两个数据之间可以用一个或多个空格作为间隔，也可以用 Enter 键或 Tab 键作为间隔。

【例 3.11】 scanf( )函数格式控制字符串中有普通字符的应用。

源程序

```
#include "stdio.h"
void main( )
{
    int a, b;
    scanf("a=%d, b=%d", &a, &b);
    printf("a=%d, b=%d\n", a, b);
}
```

运行结果

```
a=10,b=20
a=10,b=20
```

注意：

- “格式控制”字符串中除了格式说明以外还有其他字符，则在输入数据时在对应位置应输入与这些字符相同的字符。

2. scanf( )函数应用举例

【例 3.12】 scanf( )函数附加格式说明符 n（宽度）。

源程序

```
#include "stdio.h"
```

```
void main( )
{
    char ch1, ch2, ch3;
    scanf("%2c", &ch1); /*输入字符占列数宽度 2, 读第 1 个字符, 多余部分被舍弃*/
    scanf("%2c", &ch2); /*输入字符占列数宽度 2, 读第 1 个字符, 多余部分被舍弃*/
    scanf("%3c", &ch3); /*输入字符占列数宽度 3, 读第 1 个字符, 多余部分被舍弃*/
    printf("ch1=%c\n", ch1);
    printf("ch2=%c\n", ch2);
    printf("ch3=%c\n", ch3);
}
```

运行结果

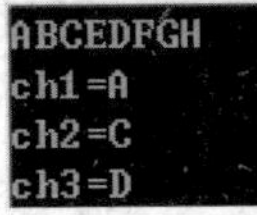

运行程序输入 ABCDEFGH，系统读取的 AB 中的 A 赋给变量 ch1；读取的 CD 中的 C 赋给变量 ch2，读取的 DFG 中的 D 赋给变量 ch3。

【例 3.13】 scanf( )函数附加说明符“*”的应用。

```
源程序
#include "stdio.h"
void main( )
{
    int a, b;
                              /*前 3 个数赋给 a, 舍弃 4 位("*"的作用)后, 后 2 位数赋给 b*/
    scanf("%3d%*4d%2d", &a, &b);
    printf("a=%d, b=%d\n", a, b);
}
```

运行结果

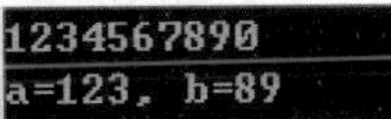

运行程序输入 1234567890，系统会将 123 赋值给 a 变量；遇到“%*4d”表示舍弃 4 位整数；再接着读取 2 位整数 89 赋值给 b 变量。

3.5 顺序结构程序设计举例

【例 3.14】 写一个程序从键盘输入三个单精度浮点数，然后计算：

（1）它们的和。

（2）它们的平均值。

显示结果保留到小数点后三位。

```
源程序
#include <stdio.h>
void main( )
{
    float f1, f2, f3, sum, average;
    printf("请输入三个单精度数: ");
```

```
    scanf("%f%f%f", &f1, &f2, &f3); /*输入 3 个单精度实数*/
    sum = f1 + f2 + f3; /*计算 3 个整数和*/
    average = sum/3;  /*计算 3 个整数平均值*/
    printf("三个数的和为%.3f\n", sum);
    printf("均值为%.3f\n", average);
}
```

运行结果

```
请输入三个单精度数:
12.3456 34.5671 56.2345
三个数的和为103.147
均值为34.382
```

【例 3.15】假设人的心率为每分钟 75 下，写一个程序，询问用户的年龄（以年为单位），然后计算并输出该用户到目前为止的生命中已有的心跳总数。

源程序

```
#include <stdio.h>
void main( )
{
    int age, heart_beats;
    printf("Please input your age: ");
    scanf("%d", &age);
    heart_beats = age * 365 * 24 * 60 * 75;
    printf("The heart beats in your life: %d", heart_beats);
}
```

运行结果

```
Please input your age: 20
The heart beats in your life: 788400000
```

习题

一、选择题

1．已知 int a，b，c；用语句 scanf（“%d%d%d”，&a，&b，&c）；输入 a，b，c 的值时，不能作为输入数据分隔符的是（　　）。

A）　，　　B）空格　　C）回车符　　D）Tab 键

2．有以下程序

```
#include "stdio.h"
void main( )
{
    char ch1, ch2;
    printf("请输入一个英文字母\n");
    scanf("%c", &ch1);
    ch1=ch1+'4'-'2';
    ch2=ch1+'5'-'3';
    printf("%d %c \n", ch1, ch2);
}
```

如果输入字符 A，则程序运行后输出的结果是（　　）。

A）A　C　　B）A　E　　C）C　67　　D）67　E

3. 若变量已正确说明，要求用 scanf（“a=%f，b=%f”，&a，&b）；语句使 a=3.12，b=9.0，则正确的输入形式是（　　）。

A）3.12□□9.0↙　　B）a=□□3.12b=□□9↙

C）a=3.12，b=9↙　　D）a=3.12□□，b=9.0 □□↙

4. 若 a、b、c、d 都是 int 类型变量且初值为 0，以下选项中不正确的赋值语句是（　　）。

A）a=b=c=100；　　B）d++；

C）c+b；　　D）d=（c=22）–（b++）；

5. 以下程序的输出结果是（　　）。

```
void main( )
{   int x=10, y=3;
    printf("%d\n", y=x/y);
}
```

A）0　　B）1　　C）3　　D）不确定的值

6. 以下程序段的输出是（　　）。

```
int x=496;
printf("*%6d*\n", x);
```

A）*496　*　　B）*　496*

C）000496　　D）输出格式符不合法

7. 下列程序的输出结果是（　　）。

```
int a=1234;
printf ("%2d\n", a);
```

A）12　　B）34

C）1234　　D）提示出错，无结果

8. 以下程序段的输出结果是（　　）。

```
printf("*%10.5f*\n", 12345.678);
```

A）*2345.67800*　　B）*12345.6780*　　C）*12345.67800*　　D）*12345.678*

9. 以下程序的输出结果是（　　）。

```
#include "stdio.h"
#include "math.h"
void main( )
{   double a=-3.0, b=2;
    printf("%3.0f  %3.0f\n", b*b*b, a*a);
}
```

A）9　8　　B）8　9

C）6　6　　D）以上三个都不对

10. 若变量已正确定义，要将 a 和 b 中的数进行交换，下面不正确的语句是（　　）。

A）a=a+b，b=a–b，a=a–b；　　B）t=a，a=b，b=t；

C）a=t；t=b；b=a；　　D）t=b；b=a；a=t；

11. 以下合法的 C 语言赋值语句是（　　）。

A）a=b=5　　B）k=int（a+b）；　　C）a=5，b=6　　D）– –i；

12. 若变量已正确说明为 int 类型，要给 a，b，c 输入数据，以下正确的输入语句是（　　）。

A）read（a，b，c）;

B）scanf（"%d%d%d"，a，b，c）;

C）scanf（"%D%D%D"，&a，&b.&c）;

D）scanf（"%d%d%d"，&a，&b，&c）;

13. 若有以下程序段，其输出结果是（ ）。

```
int a=0, b=0, c=0;
c=(a-=a-5),(a=b, b+3);
printf("%d, %d, %d\n", a, b, c);
```

A）0，0，10　　B）0，0，5

C）-10，3，10　　D）3，3，-10

14. 以下程序的输出结果是（ ）。

```
void main( )
{   int x=10, y=10;
    printf("%d%d\n", x--, --y);
}
```

A）10 10　　B）9 9　　C）9 10　　D）10 9

15. 在C语言中，如果下面的变量都是int类型，则输出结果是（ ）。

```
sum=5;
pad=sum++, pad++, ++pad;
printf("%d\n", pad);
```

A）7　　B）6　　C）5　　D）4

二、填空题

1. 以下程序的输出结果是____________。

```
#include "stdio.h"
void main( )
{
    int x=10, y=2;
    printf("%d ", x%=(y/=2));
}
```

2. 以下程序的输出结果是____________。

```
#include "stdio.h"
void main( )
{
    int a=0;
    a+=(a=10);
    printf("%d\n", a);
}
```

3. 下列程序的输出结果是16.00，请填空。

```
#include "stdio.h"
void main( )
{
    int a=9, b=2;
```

```
    float x=________, y=1.1, z;
    z=a/2+b*x/y+1/2;
    printf("%5.2f\n", z);
}
```

4. 以下程序运行后的输出结果是____________。

```
#include "stdio.h"
void main( )
{
    char c1, c2;
    c1='O'; c2=66;
    putchar(c1);
    putchar(c2);
}
```

5. 下述程序的运行后输出的结果是____________。

```
#include "stdio.h"
void main( )
{
    float x=123.456;
    printf("%7.2f\n", x);
}
```

6. 以下程序输入 ABC↙后输出结果是____________。

```
#include "stdio.h"
void main( )
{
    char c;
    scanf("%c", &c);
    printf("%c\n", c);
}
```

7. 键盘输入一个三位的正整数放到变量 x 中，然后输出其百位、十位和个位上的数字。请填空。

```
#include "stdio.h"
void main( )
{
    int x, n1, n2, n3;
    printf("请输入一个三位的正整数: ");
    scanf("%d", &x);
    n1=x/100;
    n2=x%100/10;
    n3=________;
    printf("%d, %d, %d\n", n1, n2, n3);
}
```

8. 输入一个英文字母（a 和 z 除外），要求找出它的前一个字母和后一个字母。请填空。

```
#include "stdio.h"
void main( )
{
```

```
    char ch1, ch2, ch3;
    printf("请输入一个字符: ");
    scanf("%c", &ch2);
    ch1=ch2_________;
    ch3=ch2_________;
    printf("\n 字母%c 的前驱字符是: %c, 后继字母是: %c", ch2, ch1, ch3);
}
```

三、程序题

1．编一个程序，要求输入半径和高，可求圆的周长和面积、球的面积和体积以及圆锥的体积。

2．编一个程序，要求输入一位学生的 4 门课的成绩，可计算出总成绩和平均成绩。

3．编一个程序，要求输入一个大写字母，可输出该字母的小写形式。

第 3 章　习题答案

第4章　选择结构程序设计

课前导读

选择结构程序是三种基本结构之一，它的作用是根据所指定的条件是否满足，能够在不同的情况下选择不同的方式进行处理。本章内容应重点掌握 if 语句的执行过程，在此基础上，掌握 if 语句、switch 语句格式及应用，学会编写选择结构程序。本章的难点是 if 语句的嵌套和 switch 语句的应用。

学习目标

- 掌握 if 语句的三种格式和应用；
- 了解 if 的嵌套的应用；
- 掌握 switch 语句格式和应用；
- 理解 break 语句在 switch 的应用；
- 掌握选择结构程序设计的应用。

教学要求

本章的教学要求见表 4-1。

表 4-1　第 4 章教学要求

知识要点	教学要求	能力要求
条件语句	掌握 if（单分支选择语句）的格式和用法； 掌握 if-else（双分支选择语句）格式和用法； 理解 if-else-if（多分支选择语句）格式和用法； 了解 if 的嵌套的应用； 掌握 if…else 语句的综合应用	用 if 语句解决选择型问题的能力
多分支语句	掌握 switch…case 语句的格式和应用； 理解 break 语句在 switch 的应用	用 switch 语句解决选择型问题的能力
选择结构程序设计	掌握选择结构程序设计应用	编写选择结构程序的能力

思维导图

本章的思维导图如图 4-1 所示。

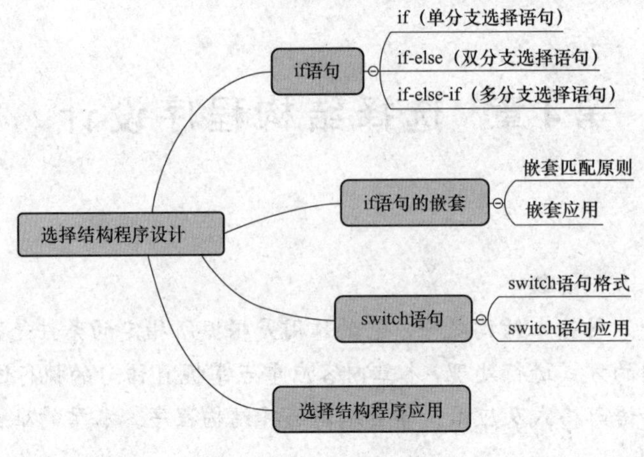

图 4-1　第 4 章思维导图

4.1　问题提出与程序示例

1. 问题描述——身高预测

影响小孩成人后身高的因素有遗传、饮食习惯与坚持体育锻炼等。假设只考虑遗传因素，设 faHeight 为其父身高，moHeight 为其母身高，身高预测公式为：

```
男性成人时身高 =(faHeight + moHeight)* 0.54(cm)
女性成人时身高 =(faHeight * 0.923 + moHeight)/ 2(cm)
```

要求从键盘输入性别（用字符型变量 sex 存储，输入字符 F 表示女性，输入字符 M 表示男性）和父母身高，利用给定公式对身高进行预测。

2. 程序代码

```
源程序
#include <stdio.h>
void main( )
{   char sex;                                    /*孩子性别*/
    float myHeight;                              /*孩子身高*/
    float faHeight;                              /*父亲身高*/
    float moHeight;                              /*母亲身高*/
    printf("Please input your father's height(cm): ");
    scanf("%f", &faHeight);
    printf("Please input your mother's height(cm): ");
    scanf("%f", &moHeight);
    getchar( );                                  /*屏蔽回车*/
    printf("Are you a boy(M/m)or a girl(F/f)?");
    scanf("%c", &sex);
    if(sex=='M'||sex=='m')
        myHeight=(faHeight+moHeight)*0.54;       /*男性身高计算公式*/
    else
        myHeight=(faHeight*0.923+moHeight)/2;    /*女性身高计算公式*/
    printf("Your future height will be %.2f(cm)\n", myHeight);
}
```

运行结果 1

```
Please input your father's height(cm):176
Please input your mother's height(cm):162
Are you a boy(M/m) or a girl(F/f)?m
Your future height will be 182.52(cm)
```

运行结果 2

```
Please input your father's height(cm):178
Please input your mother's height(cm):162
Are you a boy(M/m) or a girl(F/f)?F
Your future height will be 163.15(cm)
```

3. 程序说明

（1）从程序中可以看出选择结构程序是根据给定的性别判断条件，使用不同的公式进行预测身高。

（2）运行程序时当输入字符 M 或 m 表示男性，则预测男性身高，当输入字符 F 或 f 表示女性，则预测女性身高。程序中使用的“if...else”是条件语句。

4.2 if 语 句

if 语句有三种基本形式：if（单分支选择语句）、if-else（双分支选择语句）和 if-else-if（多分支选择语句）。

4.2.1 if 语句

1. 单分支选择语句

格式：if(表达式) 语句

功能：若表达式的值为“真”（非 0），则执行语句；否则，跳过 if 语句，接着执行下面的语句，其流程图如图 4-2 所示。

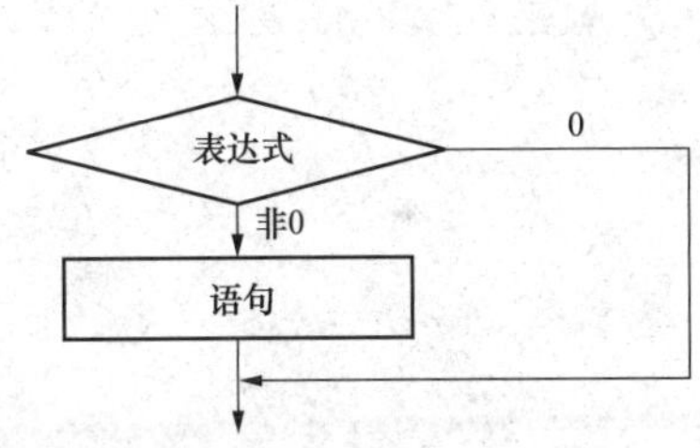

图 4-2 if 语句第一种格式流程图

【例 4.1】比较两个数，按由小到大顺序输出。

```
源程序
#include<stdio.h>
void main( )
{
    int x, y, temp;
    scanf("x=%d, y=%d", &x, &y);     /*输入 x 和 y 的值*/
    if(x>y)
        { temp=x; x=y; y=temp;}      /*如果 x<y, 则交换 x 与 y 单元的内容*/
    printf("x=%d, y=%d\n", x, y);
}
```

运行结果 1

```
x=50,y=30
x=30,y=50
```

运行结果 2

```
x=10,y=50
x=10,y=50
```

2. 双分支选择语句

```
格式: if(表达式)
            语句 1
      else
            语句 2
```

功能：若表达式的值为“真”，则执行语句 1；否则执行语句 2，其流程图如图 4-3 所示。

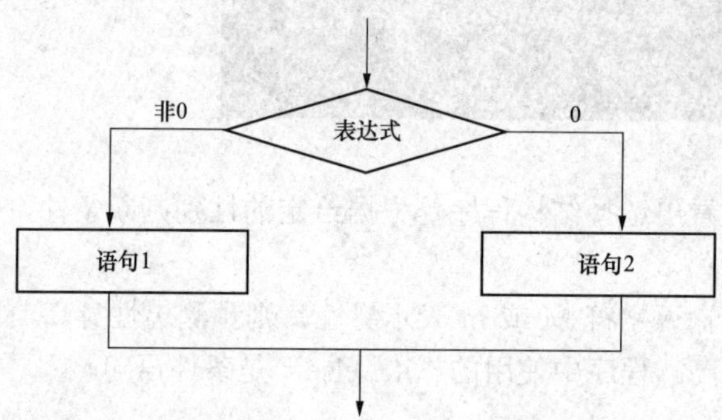

图 4-3 if 语句第二种格式流程图

【例 4.2】键盘输入两个数，输出其中较小的数。

```
源程序
#include<stdio.h>
void main( )
{
    int x, y, min;
    printf("input two scores: ");
    scanf("%d%d", &x, &y);
    if(x<y)min=x;
    else min=y;
    printf("min=%d\n", min);
}
```

运行结果

```
input two scores: 10 20
min=10
```

程序中用 if 语句判断 x 与 y 的大小，如果 x<y，则把 x 赋予 min，否则把 y 赋予 min。因此，min 中总是二个数中的小数。

【例 4.3】键盘输入三个整数，输出三个整数中的最大值。

```
源程序
#include<stdio.h>
void main( )
{
    int x, y, z, max;
    printf("Please input three numbers: ");
    scanf("%d, %d, %d", &x, &y, &z);
    if(x>y)              /*将 x、y 的大值存放在 max 中*/
        max=x;
```

```
    else
        max=y;
    if(z>max)                          /*将 z 和 max 的大值存放在 max 中*/
        max=z;
    printf("max=%d\n", max);           /*输出最大值 max*/
}
```

运行结果

```
Please input three numbers:1,45,6
max=45
```

3. 多分支选择语句

```
格式: if(表达式1)            语句1
      else if(表达式2)       语句2
      else if(表达式3)       语句3
      …
      else if(表达式n)       语句n
      else  语句n+1
```

功能：依次判断表达式的值，当某个表达式的值为真，则执行其对应的语句，若所有表达式的值都为假，则执行语句 n+1，执行过程如图 4-4 所示。

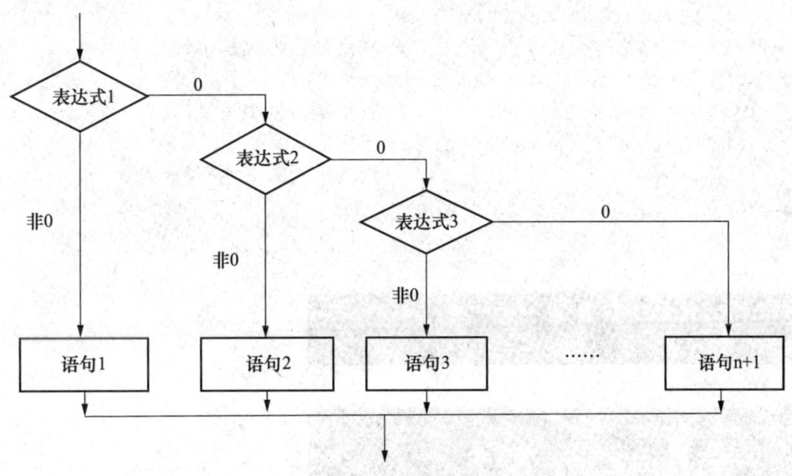

图 4-4　if 语句第三种格式流程图

【例 4.4】编写程序求一个数的符号。

```
源程序
# include<stdio.h>
void main( )
{   int x, y;
    printf("Please input 1 number: ");
    scanf("%d", &x);
    if(x>0)  y=1;                      /*若 x 为正数，符号为 1*/
    else if(x==0) y=0;                 /*若 x 为零，符号为 0*/
    else y=-1;                         /*若 x 为负数，符号为-1*/
    printf("y=%d \n", y);
}
```

运行结果 1

```
Please input 1 number:10
y=1
```

运行结果 2

```
Please input 1 number:0
y=0
```

运行结果 3

```
Please input 1 number:-10
y=-1
```

【例 4.5】输入一个字符，输出是数字、大写字母、小写字母或其他字符。

源程序

```
#include<stdio.h>
void main( )
{
    char c;
    printf("input a character:  ");
    c=getchar( );
    if(c>='0'&&c<='9')                /*判定是否为数字字符*/
      printf("This is a digit\n");
    else if(c>='A'&&c<='Z')           /*判定是否为大写字母*/
      printf("This is a capital letter\n");
    else if(c>='a'&&c<='z')           /*判定是否为小写字母*/
      printf("This is a small letter\n");
    else                              /*判定是否为其他字符*/
      printf("This is an other character\n");
}
```

运行结果 1

```
input a character: 8
This is a digit
```

运行结果 2

```
input a character: A
This is a capital letter
```

运行结果 3

```
input a character: m
This is a small letter
```

运行结果 4

```
input a character: =
This is an other character
```

4.2.2 if 语句的嵌套

if 语句中的“语句”可以是任何合法的 C 语句，如果这个语句又是一个 if 语句，这种形式称为 if 语句的嵌套。

嵌套 if 语句一般形式如下：

```
if( )
   if( )语句1
```

```
  else   语句2
else
  if( )语句3
  else   语句4
```

【**例 4.6**】if语句的嵌套应用。

```
源程序
#include<stdio.h>
void main( )
{
    int a, b;
    printf("input a, b=");
    scanf("%d, %d", &a, &b);
    if(a>b)
        printf("a>b \n");
    else                                    /*此else与距离它最近的if(a>b)配对*/
        if(a<b)  printf("a<b \n");
        else     printf("a=b \n");  /*此else与距离它最近的if(a<b)配对*/
}
```

运行结果1

```
input a,b=12, 20
a>b
```

运行结果2

```
input a,b=20, 16
a>b
```

运行结果3

```
input a,b=20,20
a=b
```

注意：

- 使用嵌套一定要注意 if 和 else 的配对，if 语句既可以嵌套在 if 子句中，也可以嵌套在 else 子句中，这时会出现多个 if 语句和多个 else。为避免出现二义性，else 与距离它最近的未配对的 if 配对。

4.3 switch 语 句

switch 语句是多分支选择语句，虽然 if...else 语句也能实现多分支选择，但在实现应用当中，有时 switch 语句更加直观。

```
switch 语句的一般形式如下：
switch(表达式)
{   case   常量表达式1：语句1； [ break;  ]
    case   常量表达式2：语句2； [ break;  ]
        ...
    case   常量表达式n：语句n； [ break;  ]
    [ default：语句n+1； [ break;    ] ]
}
```

功能：首先计算“表达式”的值，然后依次与“常量表达式”的值进行比较，当“表达式”的值和“常量表达式”的值相等时，就执行该 case 后面的语句，当执行到 break 语句时，则跳出 switch 语句。若后面没有 break 语句，则继续执行其后的所有 case 子句直到程序结束。当“表达式”的值和所有的“常量表达式”的值都不相等时，则执行 default 后面的语句。

注意：

➘ 每个 case 后面“常量表达式”的值，必须各不相同。

【例 4.7】 输入一个百分制成绩，要求输出对应的成绩等级。

成绩 90 及以上，输出 Very good；成绩 80～89 区间，输出 good；成绩 60～79 区间，输出 Passed；成绩 60 分以下，输出 Failed；其他区间，输出 error。

```
源程序
#include<stdio.h>
void main( )
{
    int score, x;
    printf("Input a score: ");                /*输入成绩*/
    scanf("%d", &score);
    if(score<60)  x=0;
    else x=score/10;
    switch(x)
    {   case 10:
        case 9:  printf("Very good\n"); break;
                                              /*成绩 90 及以上，输出 Very good*/
        case 8: printf("good\n"); break;      /*成绩 80-89 区间，输出 good*/
        case 7:
        case 6: printf("Passed \n"); break;   /*成绩 60-79 区间，输出 Passed*/
        case 0: printf("Failed\n"); break;    /*成绩 60 分以下，输出 Failed*/
        default: printf("error\n");           /*其他区间，输出 error*/
    }
}
```

运行结果 1

```
Input a score:98
Very good
```

运行结果 2

```
Input a score:80
good
```

运行结果 3

```
Input a score:65
Passed
```

运行结果 4

```
Input a score:36
Failed
```

运行结果 5

```
Input a score:178
error
```

【例 4.8】写一个程序从键盘输入 1 到 7 中的某个数字，其中 1 代表星期天，2 代表星期一，3 代表星期二等。根据用户输入的数字显示相应的星期几。如果用户输入的数字超出了 1 到 7 的范围，显示输出一个错误提示信息。

源程序

```
#include <stdio.h>
void main( )
{
        int num;
        printf("Please input a single numeral(1-7):  ");
        scanf("%d", &num);
        switch(num)
        {
            case 1:
                printf("Sunday\n");
                break;
            case 2:
                printf("Monday\n");
                break;
            case 3:
                printf("Tuesday\n");
                break;
            case 4:
                printf("Wednesday\n");
                break;
            case 5:
                printf("Thursday\n");
                break;
            case 6:
                printf("Friday\n");
                break;
            case 7:
                printf("Saturday\n");
                break;
            default:
                printf("Invalid - please input a single numeral(1-7).\n");
        }
}
```

运行结果

```
Please input a single numeral(1-7): 1
Sunday
```

4.4　选择结构程序应用举例

【例 4.9】有一函数 $y=\begin{cases} x & (x<1) \\ 2x-1 & (1\leqslant x<10) \\ 3x+1 & (x\geqslant 10) \end{cases}$

编写一程序，假设 x 为整型，若输入 x 值，则输出对应的 y 值。

```
源程序
#include<stdio.h>
void main( )
{
    int x, y;
    printf("input x: ");
    scanf("%d", &x);
    if(x<1)
        y=x;
    else  if(x<10)        /*此时 x≥1 再判断 x<10 则相当于满足条件(1≤x<10)*/
        y=2*x-1;
    else
        y=3*x+1;          /*前面判断 x 不小于 1，也不小于 10 即满足条件 x≥10*/
    printf("y=%d\n", y);
}
```

运行结果 1

```
input x:-1
y=-1
```

运行结果 2

```
input x:5
y=9
```

运行结果 3

```
input x:20
y=61
```

【例 4.10】 在三角形中，任意两边之和一定要大于第三边。写一个程序判断输入的三个数是否能构成三角形。

```
源程序
#include <stdio.h>
void main( )
{
    double a, b, c;
    printf("输入三角形的三条边 a, b, c: ");
    scanf("%lf%lf%lf", &a, &b, &c);
    if((a + b > c)&&(a + c > b)&&(b + c > a))
        printf("能构成三角形\n");
    else
        printf("不能构成三角形\n");
}
```

运行结果 1

```
输入三角形的三条边a,b,c:3 4 5
能构成三角形
```

运行结果 2

```
输入三角形的三条边a,b,c:1 1 3
不能构成三角形
```

【例 4.11】求一元二次方程 $ax^2+bx+c=0$ 的解（$a\neq0$）。

```
源程序
#include<stdio.h>
#include<math.h>
void main( )
{   double a, b, c, d, x1, x2;
    printf("Please input three numbers:  ");
    scanf("%lf%lf%lf", &a, &b, &c);          /*输入一元二次方程的系数 a, b, c*/
    d=b*b-4*a*c;
    if(fabs(d)<=1e-6)                         /*fabs( )为绝对值函数*/
        printf("x1=x2=%.2f\n", -b/(2*a));   /*输出两个相等的实根*/
    else if(d>1e-6)
        {   x1=(-b+sqrt(d))/(2*a);            /*求出两个不相等的实根*/
            x2=(-b-sqrt(d))/(2*a);
            printf("x1=%.2f, x2=%.2f\n", x1, x2); }
    else
        printf("没有实根\n");                  /*输出没有实根*/
}
```

运行结果 1

```
Please input three numbers: 2 4 2
x1=x2=-1.00
```

运行结果 2

```
Please input three numbers: 2 6 4
x1=-1.00,x2=-2.00
```

运行结果 3

```
Please input three numbers: 4 1 2
没有实根
```

从程序中可以看出，由于实数在计算机中存储时，经常会有一些微小误差，判断 d 是否为 0 的方法是通过判断 d 的绝对值 fabs（d）是否小于一个很小的数（例如 10^{-6}）。

【例 4.12】判别某一年是否为闰年。判断闰年的条件为下面二者之一：

①能被 4 整除，但不能被 100 整除。

②能被 400 整除。

```
源程序
#include<stdio.h>
void main( )
{
    int year;
    printf("Please input the year: ");
    scanf("%d", &year);
    if((year%4==0 && year%100!=0)||(year%400==0))
        printf("%d is a leap year.\n", year);
    else
        printf("%d is not a leap year.\n", year);
}
```

运行结果 1

```
Please input the year:1989
1989 is not a leap year.
```

运行结果 2

```
Please input the year:2000
2000 is a leap year.
```

此程序首先输入一个年份，用 if 判断条件(year%4==0 && year%100!=0)||(year%400==0)先算“&&”运算，后计算“||”运算。表示如果某年能被 4 整除，但不能被 100 整除；或者能被 400 整除，则此年为闰年，否则不是闰年。

【例 4.13】写一个程序根据从键盘输入的里氏强度显示地震的后果。根据里氏强度地震的后果如下：

里氏强度	地震的后果
小于 4	很小
4.0～4.9	窗户晃动
5.0～5.9	墙倒塌；不结实的建筑物被破坏
6.0～6.9	烟囱倒塌；普通建筑物被破坏
7.0～7.9	地下管线破裂；结实的建筑物也被破坏
超过 7.9	地面波浪状起伏；大多数建筑物损毁

源程序

```
#include <stdio.h>
void main( )
{
    double magnitude;
    printf("请输入地震的里氏强度： ");
    scanf("%lf", &magnitude);
    if(magnitude < 4.0)
       printf("本次地震后果：很小！");
    else if(magnitude < 5.0)
       printf("本次地震后果：窗户晃动！");
    else if(magnitude < 6.0)
       printf("本次地震后果：墙倒塌；不结实的建筑物被破坏！");
    else if(magnitude < 7.0)
       printf("本次地震后果：烟囱倒塌；普通建筑物被破坏！");
    else if(magnitude < 8.0)
       printf("本次地震后果：地下管线破裂；结实的建筑物也被破坏！");
    else
       printf("本次地震后果：地面波浪状起伏；大多数建筑物损毁！");
}
```

运行结果

```
请输入地震的里氏强度：5.6
本次地震后果：墙倒塌；不结实的建筑物被破坏！
```

习题

一、选择题

1．能正确表示 a≥10 或 a≤0 的关系表达式是（　　）。

A）a>＝10 or a<＝0　　　　B）a>＝10|a<＝0

C）a>=10 && a<=0　　　　D）a>=10||a<=0

2. 若有定义：float w；int a，b；则合法的 switch 语句是（　　）。

A）
```
switch(w)
{ case 1.0;  printf(" * \n ");
  case 2.0;  printf("* * \n ");
}
```
B）
```
switch(a)
{ case 1 printf(" * \n ");
  case 2 printf("* * \n ");
}
```
C）
```
switch(w)
{ case 1:  printf(" * \n ");
  default:  printf(" \n ");
  case 1:  printf("* * \n ");
}
```
D）
```
switch(a+b)
{ case 1:  printf(" * \n ");
  case 2:  printf("* * \n ");
  default:  printf(" \n ");
}
```
3. 如下程序的输出结果是（　　）。
```
#include<stdio.h>
void main( )
{
    int x=1, a=0, b=0;
    switch(x)
    {  case 0:  b++;
       case 1:  a++;
       case 2:  a++;  b++;
    }
    printf("a=%d, b=%d\n", a, b);
    }
```
A）a=2，b=1　　B）a=1，b=1　　C）a=1，b=0　　D）a= 2，b=2

4. 如下程序的输出结果是（　　）。
```
#include<stdio.h>
void main( )
{
    int a=12, b=5, c=-3;
    if(a>b)
        if(b<0)c=0;
        else c++;
    printf("%d\n ", c);
}
```
程序运行后输出的结果是（　　）

A）0　　B）1　　C）–2　　D）–3

5. 若执行以下程序时从键盘上输入 9，则输出结果是（　　）。
```
#include  "stdio.h"
void main( )
```

```
{  int n;
   scanf("%d", &n);
   if(n++<10)printf("%d\n", n);
   else printf("%d\n ", n--);
}
```

A）11　　B）10　　C）8　　D）9

6. 以下程序的输出结果是（　　）。

```
#include <stdio.h>
void main( )
{
     int a=15, b=21, m = 0;
     switch(a%3)
     {   case 0:  m++;  break;
         case 1:  m++;
         switch(b%2)
     {   default:  m++;
         case 0:  m++;  break;
     }
   }
  printf("%d ", m);
}
```

A）1　　B）2　　C）3　　D）4

7. 假定所有变量均已正确说明，下列程序段运行后 x 的值是（　　）。

```
a=b=c=0;  x=35;
if(!a)x--;
else if(b);
if(c)x=3 ;
else x=4 ;
```

A）34　　B）4　　C）35　　D）3

8. 下列关于 switch 语句和 break 语句的结论中，正确的是（　　）。

A）break 语句是 switch 语句中的一部分

B）在 switch 语句中可以根据需要使用或不使用 break 语句

C）在 switch 语句中必须使用 break 语句

D）break 语句只能用于 switch 语句中

9. 下列程序的运行结果是（　　）。

```
#include <stdio.h>
void main( )
{
     int a=5, b=3, c=1;
     if(b<c)
         if(a>0)c=3;
         else c+=6;
     printf("%d\n ", c);
}
```

A）3　　B）7　　C）1　　D）9

10. 执行下面的程序，输出的结果是（　　）。

```
#include  <stdio.h>
void main( )
{
    int a=10, b=0 ;
    if(a=12)
    {    a = a+1;  b = b+1;
    }
    else
    {     a = a+4;  b = b+4;
    }
    printf(“%d ;  %d\n ”, a, b);
}
```

A）13；1　　B）14；4　　C）11；1　　D）10；0

11．设 x，y 和 z 是 int 型变量，且 x = 3，y = 4，z = 5，则下面表达式中值为 0 的是（　　）。

A）‘x’ && ‘y’　　B）x<=y

C）x||y + z && y - z　　D）！((x<y）&&！z|| 1）

12．若希望当 A 的值为奇数时，表达式的值为“真”，A 的值为偶数时，表达式的值为“假”。则以下不能满足要求的表达式是（　　）。

A）A%2 = = 1　　B）!（A%2 = = 0）　　C）!（A%2）　　D）（A%2）

13．设有：int a = 1，b =2，c = 4，d =3，m = 2，n = 2；

执行（m = a>b）&&（n = c>d）后 n 的值为（　　）。

A）1　　B）2　　C）3　　D）4

14．以下程序的运行结果是（　　）。

```
#include<stdio.h>
void main( )
{
    int a, b, d=241 ;
    a = d/100%9;
    b =(-1)&&(-1);
    printf("%d, %d\n ", a, b);
}
```

A）6，1　　B）2，1　　C）6，0　　D）2，0

15．以下程序的运行结果是（　　）。

```
#include<stdio.h>
void main( )
{   int k=4, a=3, b=2, c=1;
    printf(“%d\n”, k<a? k: c<b? c: a);
}
```

A）4　　B）3　　C）2　　D）1

16．已知 int w=3，x=10，z=7；则执行下面语句后的结果是（　　）。

```
printf("%d", x>10?x+100: x-10);
printf("%d", w++||z++);
printf("%d", !w>z);
printf("%d", w&&z);
```

A）0111　　B）1111　　C）0101　　D）0100

17．以下程序的输出结果是（　　）。

```
#include<stdio.h>
void main( )
{
    int i=1, j=2, k=3;
    if(i++==1&&(++j==3||k++==3))
        printf("%d, %d, %d\n", i, j, k);
}
```

A）1，2，3　　B）2，3，4　　C）2，2，3　　D）2，3，3

18．运行程序，当从键盘输入 32 时，程序输出结果是（　　）。

```
#include<stdio.h>
void main( )
{
    int x, y;
    scanf("%d", &x);
    y=0;
    if(x>=0)
    { if(x>0)y=1;  }
        else y=-1;
    printf("%d", y);
}
```

A）0　　B）–1　　C）1　　D）不确定值

19．为表示关系：x≥y≥z，应使用的 C 语言表达式是（　　）。

A）(x>=y) && (y>=z)　　B）(x>=y) and (y>=z)

C）(x>=y>=z)　　D）(x>=y) & (y>=z)

20．以下程序的运行结果为（　　）。

```
#include<stdio.h>
void main( )
{
        int i, j;
        i=j=2;
        if(i==1)
          if(i==2)
            printf("%d", i+j);
         else
            printf("%d", i-j);
        printf("%d", i);
}
```

A）2　　B）4　　C）0　　D）1

21．以下程序运行时从键盘输入 1，输出结果是（　　）。

```
#include<stdio.h>
void main( )
{
    int k;
    scanf("%d", &k);
    switch(k)
    {
        case 1:  printf("%d□", k++);
```

```
            case 2: printf("%d□", k++);
            default: printf("end\n");
        }
    }
```

A）1□2　　B）1□end　　C）1□2□end　　D）1□2end

二、填空题

1. 以下程序的输出结果是____________。

```
#include<stdio.h>
void main( )
{
    int a=5, b=4, c=3, d ;
    d=(a>b>c);
    printf("%d \n", d);
}
```

2. 以下程序运行后的输出结果是____________。

```
#include<stdio.h>
void main( )
{
    int x=10, y=20, t=0;
    if(x == y)  t = x;  x = y;  y = t;
    printf(“%d %d \n ”, x, y);
}
```

3. 以下程序运行结果是____________。

```
#include<stdio.h>
void main( )
{   int a, b, c;
    a=1;
    b=2;
    c=3;
    if(a>b )
        if(a>c)  printf("%d ", a);
        else  printf("%d ", b);
    printf("%d\n ", c);
}
```

4. 当m=2，n=1，a=1，b=2，c=3时，执行完d =（m = a != b）&&（n =b>c）后；m的值为____________，n的值为____________。

5. 若从键盘输入48，则以下程序输出的结果是____________。

```
#include<stdio.h>
void main( )
{   int a;
    scanf(“%d”, &a);
    if(a>50)printf(“%d”, a);
    if(a>40)printf(“%d”, a);
    if(a>30)printf(“%d”, a);
}
```

6. 以下程序的运行结果为____________。

```
#include<stdio.h>
void main( )
```

```
{   int a, b, c;
    a=10; b=20; c=30;
    if(a>b)
       a=b, b=c;
       c=a;
    printf("a=%d, b=%d, c=%d", a, b, c);
}
```

7. 以下程序的运行结果为____________。

```
#include<stdio.h>
void main( )
{   int x=1, y=0, a=0, b=0;
    switch(x)
    {   case 1:     switch(y)
            {   case 0:  a++;  break;
                case 1:  b++;  break;
            }
        case 2:  a++; b++; break;
    }
    printf("a=%d, b=%d\n", a, b);
}
```

8. 以下程序的运行结果为____________。

```
#include<stdio.h>
void main( )
{   int x=0, y=0, z=0;
    if(x=y+z)   printf("****");
    else  printf("####");
}
```

9. 下列程序的运行结果为____________。

```
#include<stdio.h>
void main( )
{
    int  a=5, b=4, c=3, d=2;
    if(a>b>c)
        printf("%d\n", d);
    else if((c-1 >=d)==1)
        printf("%d\n", d+1);
    else
        printf("%d\n", d+2);
}
```

10. 下列程序的运行结果为____________。

```
#include<stdio.h>
void main( )
{
    int a=5, b=4, c=6, d;
    printf("%d\n", d=a>b?(a>c?a: c):(b));
}
```

三、编程题

1. 编写程序，要求：输入 1，2，3，4，分别输出显示 excellent，good，pass，fail。

2. 编写程序，要求：输入一个整数，判断其能否被 3、5 整除，并输出以下信息之一：

（1）能被 3、5 整除；

（2）能被 3 整除；

（3）能被 5 整除；

（4）不能被 3、5 整除。

3．编写程序，要求：输入整数 x 和 y，若 x^2+y^2 大于 100，则输出 x^2+y^2 百位以上的数字，否则输出两数之和。

4．编写程序，要求：根据以下函数关系，对输入的每个 x 值，计算出相应的 y 值。

x	y
x<0	0
0<x<=10	x
10<x<=20	10
20<x<40	−0.5x+20

5．编写程序，要求：对于给定的一百分制成绩，输出相应的五分制成绩，设 90 分及以上为‘A’，80～90 分为‘B’，70～79 分为‘C’，60～69 分以下为‘E’（用 switch 语句实现）。

第 4 章　习题答案

第5章　循环结构程序设计

课前导读

循环结构是三种基本结构中非常重要的一种结构。其特点是，在给定条件成立时，反复执行某程序段，直到条件不成立为止。给定的条件称为循环条件，反复执行的程序段称为循环体。C语言提供了3种循环语句，可以组成各种不同形式的循环结构。学习本章内容时，应重点掌握while语句、do…while语句、for语句的基本流程及用法，并在此基础上理解循环嵌套的应用。本章重点掌握循环结构程序设计的方法，本章难点是循环嵌套的用法。

学习目标

- 了解goto语句的含义；
- 掌握while语句的格式和应用；
- 掌握do…while语句的格式和应用；
- 掌握for语句的格式和应用；
- 理解循环的嵌套的应用；
- 理解break语句和continue语句的区别；
- 掌握循环结构程序的应用举例。

教学要求

本章教学要求见表5-1。

表5-1　　第5章教学要求

知识要点	教学要求	能力要求
循环语句	了解goto语句的含义； 掌握while的格式和用法； 掌握do…while格式和用法； 掌握for格式和用法； 理解循环的嵌套的应用	用循环语句解决循环型问题的能力
break语句和continue语句	理解break语句和continue语句的区别； 理解break语句在循环语句中的应用	break和continue在循环语句中的应用能力
循环程序设计方法	掌握循环结构程序设计应用	解决循环型问题的能力

思维导图

本章思维导图如图5-1所示。

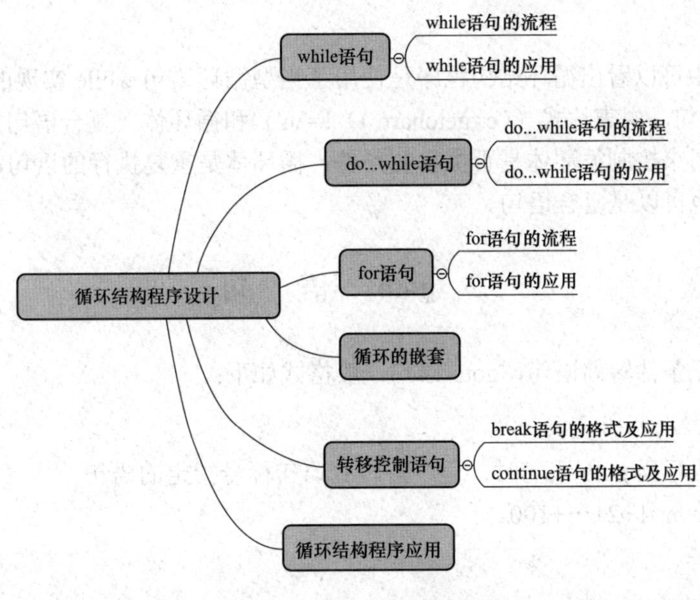

图 5-1　第 5 章思维导图

5.1　问题提出与程序示例

1. 问题描述

译密码的问题。为了使电文保密，往往按一定规律将其转换成密码，收报人再按约定的规律将其译回原文。例如：将 A→E，B→F，a→e 即变成其后的第 4 个字母，W 变成 A，X 变成 B，Y 变成 C，Z 变成 D 等，字母按上述规律转换，非字母字符不变。如“china!”转换为“glmre!”。

2. 程序代码

```
源程序
#include "stdio.h"
void main( )
{
    char c;
    while((c=getchar( ))!='\n')
    {
        if((c>='a'&&c<='z')||(c>='A'&&c<='Z'))
            {
                c=c+4;
                if(c>'Z'&&c<='Z'+4||c>'z')c=c-26;
            }
        printf("%c", c);
    }
}
```

运行结果

3. 程序说明

（1）从程序中可以看出循环结构程序是使用了当型循环语句 while 实现的。

（2）while 语句，由表达式（(c=getchar( ))!='\n'）和循环体（复合语句）两部分构成。其中，表达式是用来控制循环体是否执行的条件；循环体是重复执行的语句，可以是基本语句、控制语句，也可以是复合语句。

5.2　goto　语　句

goto 语句为无条件转向语句，goto 语句一般格式如下：

```
goto  语句标号;
```

功能：程序执行到 goto 语句时，程序将转到语句标号指定的语句。

【例 5.1】求 sum=1+2+…+100。

```
源程序
#include<stdio.h>
void main( )
{   int i=1, sum=0;
    loop:  if(i<=100)
        {   sum=sum+i;
            i++;
            goto loop;
        }
    printf("sum=%d\n", sum);
}
```

运行结果

```
sum=5050
```

注意：

- 语句标号必须用标识符表示，不能用整数作为标号。
- 与 if 语句一起构成循环结构。

结构化程序设计方法，主张限制使用 goto 语句。因为滥用 goto 语句，将会导致程序结构无规律、可读性差。

5.3　while　语　句

while 语句用来实现“当型”循环结构。

while 语句一般格式如下：

```
while(表达式)  循环体语句;
```

功能：先计算表达式的值，如果为真，则执行循环体语句；然后再计算表达式的值，如果为真，再则执行循环体语句，如此反复，直到表达式的值为假，则不再执行循环体语句，退出循环，转到 while 语句的下一个语句。

while 语句的特点是：先判断，后执行。如果第 1 次计算表达式为假，则循环体语句一次也不执行。while 语句执行流程如图 5-2 所示。

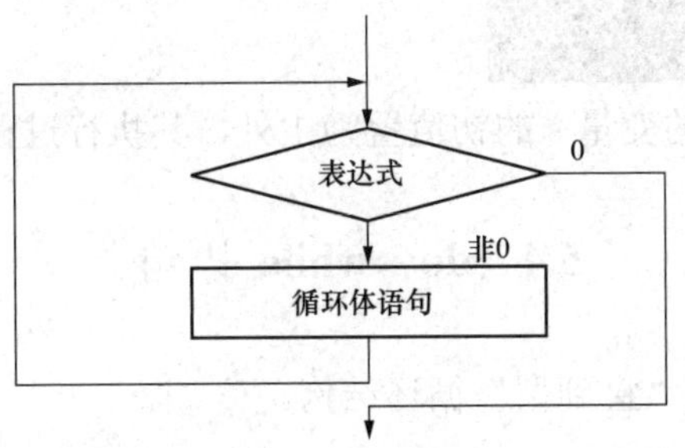

图 5-2　while 语句执行过程

【例 5.2】用 while 语句求 1+2+…+100。

```
源程序
#include<stdio.h>
void main( )
{
    int i=1, sum=0;      /*定义变量 i 表示累加数, sum 表示累加和, 赋初值 1 和 0*/
    while( i<=100 )
    {   sum += i;
        i++;
    }
    printf("sum=%d\n", sum);
}
```

运行结果

```
sum=5050
```

从程序可以看出，循环体 sum 在原有值的基础上加上 i 的值，然后再使 i 值自动增 1。用 i<=100 作为循环的条件，若 i 的值超过 100 就停止循环。

注意：

- 循环体如果包含一个以上的语句，应该用{ }号括起来，以复合语句形式出现。

【例 5.3】求 n!，即求 n 的阶乘，n 由键盘输入。

```
源程序
#include<stdio.h>
void main( )
{
    int n, i, s;
    printf("Enter n: ");
    scanf("%d", &n);
    i=1; s=1;                    /*给变量 i、s 赋初值, s 初值为 1*/
    while(i<=n)                  /*循环继续的条件*/
    {
       s=s*i;                    /* 乘积放入 s 中 */
       i++;                      /*乘数增值*/
    }
   printf("s=%d\n", s);          /*输出计算的结果*/
}
```

运行结果

```
Enter n:10
s=3628800
```

这里除用于存放累乘积的变量 s 的初值置为 1 外，其执行过程与累加和相同。

5.4　do…while 语句

do…while 语句用来实现“直到型”循环结构。

do…while 语句一般格式如下：

```
do
    循环体语句
while(表达式);          /*本行末尾的分号不能省略*/
```

功能：先执行一次循环体语句，然后计算表达式的值，如果为真，则继续执行循环体语句，然后再计算表达式的值，如此反复，直到表达式值为假，则不再执行循环体语句，退出循环，转到 do…while 语句的下一个语句。

do…while 语句的特点是先执行循环体，然后判断循环条件是否成立。其执行流程如图 5-3 所示。

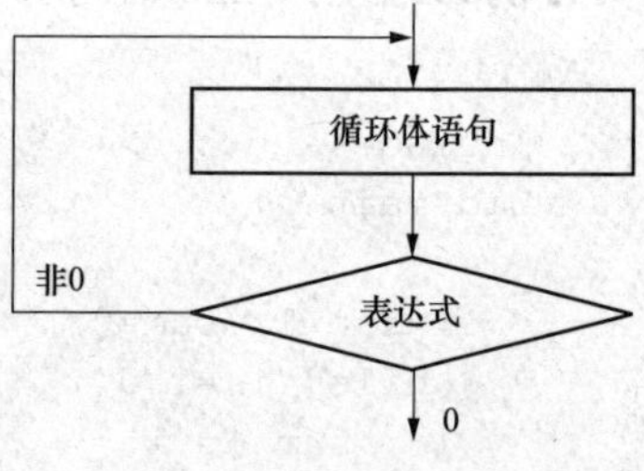

图 5-3　do…while 语句执行流程

【例 5.4】用 do…while 语句求 1+2+…+100。

```
源程序
#include<stdio.h>
void main( )
{
    int i=1, sum=0;
    do
    {   sum += i;
        i++;
    }
    while(i<=100);
    printf("sum=%d\n", sum);
    }
```

运行结果

```
sum=5050
```

【例 5.5】用 do…while 语句求 n!。

```
源程序
#include <stdio.h>
void main( )
{
    int n, i, s;
    printf("Enter n: ");
    scanf("%d", &n);
    i=1; s=1;
    do
    {
```

```
        s=s*i;
        i++;
    }while(i<=n);          /*先执行循环体，后进行判断*/
    printf("s=%d\n", s);
}
```

运行结果

```
Enter n:5
s=120
```

可以看到：使用 while 语句和 do…while 语句，当循环条件满足时，二者结果是一样的。而当循环条件不满足时，二者结果就不同了。这是因为此时对 while 循环来说，一次也不执行循环体，而对 do…while 循环语句来说则要执行一次循环体。while 循环是先判断，而 do…while 循环是后判断。

5.5　for　语　句

C 语言提供了另外一种循环语句：for 语句，与 while 和 do…while 相比，for 语句使用更方便，也更灵活。

for 语句的一般格式如下：

```
for( 表达式 1; 表达式 2; 表达式 3 )
循环体语句
```

功能：先计算表达式 1 的值，再判断表达式 2 的值，如果为真，则执行循环体语句，计算表达式 3 的值；然后再判断表达式 2 的值，如果为真，则继续执行循环体语句，如此反复，一直到表达式 2 的值为假，不再执行循环体语句，退出循环，转到 for 语句的下一个语句。

for 语句的执行过程如图 5-4 所示。

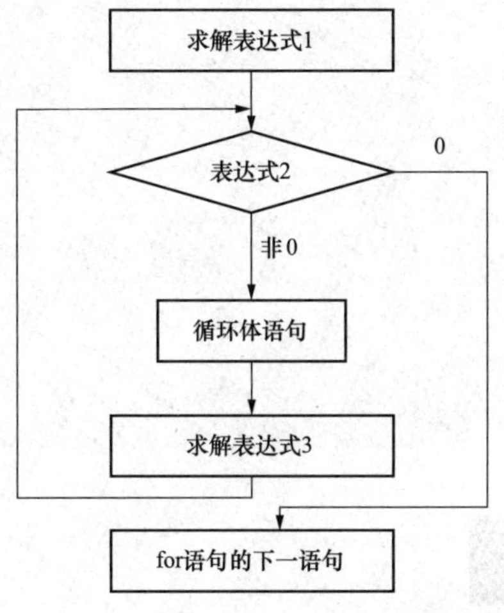

图 5-4　for 语句执行过程

【**例 5.6**】用 for 语句求 1+2+…+100。

源程序

```
#include "stdio.h"
void main( )
{
    int i, sum=0;
    for(i=1;  i<=100;  i++)
        sum += i;
    printf("sum=%d\n", sum);
}
```

运行结果

```
sum=5050
```

【例 5.7】用 for 语句求 n!。

源程序

```
#include<stdio.h>
void main( )
{
    int n, i, s=1;
    printf("Enter n: ");
    scanf("%d", &n);
    for(i=1; i<=n; i++)
       s=s*i;
    printf("s=%d\n", s);
}
```

运行结果

```
Enter n:5
s=120
```

【例 5.8】求 s=1+1/2+1/3+…+1/n。

源程序

```
#include "stdio.h"
void main( )
{
    int i, n;
    float s=0;
    printf("input n: ");
    scanf("%d", &n);
    for(i=1; i<=n; i++)
        s=s+1.0/i;
    printf("s=%f\n", s);
}
```

运行结果

```
input n:4
s=2.083333
```

此程序中，循环体如果使用 s=s+1/i，两个操作数 1 和 i 都是 int 型，完成整除运算，结果就会为 0，最后 s 的值是 1，这是错误的。应使除数和被除数之中至少有一个数为实型才可以。

5.6 循环的嵌套

对于一个循环语句，如果其中的循环体中又包含了一个循环语句，称为循环的嵌套。

循环的嵌套可以有多层，而且 3 种循环语句（while、do…while、for）可以互相嵌套自由组合，从而形成更复杂的程序功能。

【例 5.9】百钱买百鸡问题。我国古代数学家张丘建在《算径》中出了这样一道题："鸡翁一，值钱三；鸡母一，值钱五；鸡雏三，值钱一。百钱买百鸡，问鸡翁、鸡母、鸡雏各几何？"。

```
源程序
#include <stdio.h>
void main( )
{   int  x, y, z;
    for(x=0;  x<=33;  x++)
        for(z=0;  z<=99;  z=z+3)
            {   y=100-x-z;
                if((y>=0)&&(x*3+y*5+z/3==100))
                printf("x=%d, y=%d, z=%d\n", x, y, z);
            }
}
```

运行结果

```
x=4, y=12, z=84
x=11, y=8, z=81
x=18, y=4, z=78
x=25, y=0, z=75
```

此程序设鸡翁为 x 只、鸡母为 y 只、鸡雏为 z 只，根据题意列出 2 个方程：

```
x+y+z=100
3x+5y+z/3=100
```

【例 5.10】编写程序，输出九九乘法表。

```
源程序
#include<stdio.h>
void main( )
{
    printf("                九九乘法表               \n");
    printf("********************************\n");
    int i, j;
    for(i=1; i<=9; i++)              /*i 作为外循环控制变量控制行号*/
    {
       for(j=1; j<=i; j++)           /*j 作为内循环控制变量控制列号*/
          printf("%4d", i*j);
       printf("\n");                 /*每行结束后换行*/
    }
}
```

运行结果

```
          九九乘法表
******************************
  1
  2   4
  3   6   9
  4   8  12  16
  5  10  15  20  25
  6  12  18  24  30  36
  7  14  21  28  35  42  49
  8  16  24  32  40  48  56  64
  9  18  27  36  45  54  63  72  81
```

本程序用双重循环实现，外循环控制行数，内循环控制每行输出列数。图形共有 9 行，定义 i 表示行数，其值从 1 到 9 递增。用 j 表示列数，j 的值和行数 i 有关，从 1 到 i 递增。

5.7 转移控制语句

在循环语句的执行过程中，当循环条件不满足时，可以正常退出循环，执行循环体后面语句。但是在实际应用中，往往还要求在循环的中途退出循环，这时就要用到转移控制语句：break 语句和 continue 语句。

5.7.1 break 语句

break 语句除了可以终止循环语句外，还可以终止 switch 语句。

break 语句一般格式如下：

```
break;
```

功能：使用 break 语句能够强行结束循环，转向执行循环语句的下一条语句。

【例 5.11】找出 100～300 之间第一个能被 17 整除的数。

```
源程序
#include<stdio.h>
void main( )
{
    int i;
    for(i=100; i<=300; i++)
    {
        if(i%17==0)        /*判断是否能被 17 整除*/
        {
            printf("第一个能被 17 整除的数为: %d\n", i);
            break;          /*找到第一个能被 17 整除的数, 结束整个循环*/
        }
    }
}
```

运行结果

```
第一个能被17整除的数为:102
```

从上面的循环可以看到：循环结构中 break 语句通常与 if 语句配合使用。当满足条件（i%17==0）时，执行 break 语句，提前结束循环，即不再继续执行其余的循环。

5.7.2 continue 语句

continue 语句一般格式如下：

continue;

功能：结束本次循环，即跳过循环体中下面未执行的语句，继续进行下一次循环。

break 语句和 continue 语句的区别是：break 语句结束整个循环，而 continue 语句只结束本次循环，并不终止整个循环的执行。

【例 5.12】把 100～200 之间不能被 7 整除的数输出。

源程序

```
#include<stdio.h>
void main( )
{
    int n;
    for(n=100; n<=200; n++)
    {
       if(n%7==0)
          continue;        /*若能被 7 整除，跳过 printf 语句，继续判断下一个数*/
       printf("%d\t ", n);
    }
    printf("\n");
}
```

运行结果

```
100     101     102     103     104     106     107     108     109     110
111     113     114     115     116     117     118     120     121     122
123     124     125     127     128     129     130     131     132     134
135     136     137     138     139     141     142     143     144     145
146     148     149     150     151     152     153     155     156     157
158     159     160     162     163     164     165     166     167     169
170     171     172     173     174     176     177     178     179     180
181     183     184     185     186     187     188     190     191     192
193     194     195     197     198     199     200
```

当 i 能被 7 整除时，执行 continue 语句，结束本次循环，即跳过 printf( )函数，进行下一次循环；当 i 不能被 7 整除时才执行 printf( )函数，也进行下一次循环，直到 i>200 停止循环。

注意：

- break 能用于循环语句和 switch 语句中，continue 只能用于循环语句中。
- 循环嵌套时，break 和 continue 只影响包含它们的最内层循环，与外层循环无关。

5.8 循环结构程序应用举例

【例 5.13】编程实现以下形式的图案。

```
源程序
#include<stdio.h>
void main( )
{
    int i, j, k;
    for(i=0; i<=3; i++)                          /*输出前4行*/
    {
        for(j=0; j<=2-i; j++)                    /*输出星号前的空格*/
            printf(" ");
        for(k=0; k<=2*i; k++)                    /*输出星号*/
            printf("*");
        printf("\n");                            /*每行结束后的换行*/
    }
    for(i=0; i<=2; i++)                          /*输出后3行*/
    {
        for(j=0; j<=i; j++)                      /*输出星号前的空格*/
            printf(" ");
        for(k=0; k<=4-2*i; k++)                  /*输出星号*/
            printf("*");
        printf("\n");                            /*每行结束后的换行*/
    }
}
```

本程序把图形分成两部分来处理，前4行的输出规律相同，使用第1个双重循环控制前4行的输出。后3行的输出规律相同，作用第2个双重循环，控制后3行的输出。

【例5.14】判断一个数据是否为素数。所谓素数是指，除1和本身外，不能被其他的任何整数整除。

```
源程序
#include "stdio.h"
void main( )
{   int   i, j;
    printf("input one number: ");
    scanf("%d", &i);
    for(j=2 ;  j<=i-1;  j++)
        if(i%j==0)    break;
    if( j>=i )
        printf("%d是素数\n", i);
    else
        printf("%d不是素数\n", i);
}
```

运行结果1

```
input one number:12
12不是素数
```

运行结果2

```
input one number:13
13是素数
```

输入一个数据，用变量i表示。变量j表示除1和本身之外的数据，即2～（i–1）之间的整数。用变量i对j（2到i–1之间）求余，若能整除，不是素数；若都除不尽，则是素数。

【例 5.15】 输出 100～300 之间的全部素数。要求每行输出 10 个数据。

```
源程序
#include "stdio.h"
void main( )
{
    int i, j, n=0;
    for(i=100 ;  i<=300;  i++)        /*外循环：为内循环提供一个整数 i*/
    {   for(j=2;  j<=i-1;  j++)       /*内循环：判断整数 i 是否是素数*/
          if(i%j==0)                  /*i 不是素数*/
              break;                  /*强行结束内循环*/
        if( j >= i )                  /*整数 i 是素数：输出，计数器 n 加 1*/
        {   printf("%4d", i);
            n++;
            if(n%10==0 )printf("\n"); }
        }
}
```

运行结果

```
 101 103 107 109 113 127 131 137 139 149
 151 157 163 167 173 179 181 191 193 197
 199 211 223 227 229 233 239 241 251 257
 263 269 271 277 281 283 293
```

本程序数据用循环变量 i 表示，其取值从 100 到 300，定义一个统计素数个数的变量 n，初值为 0，通过对 10 取余运算可控制每行输出 10 个。

【例 5.16】 猴子吃桃问题：猴子第一天摘下若干个桃子，当即吃了一半，还不过瘾，又多吃了一个。第二天早上又将剩下的桃子吃掉一半，又多吃了一个。以后每天早上都吃前一天剩下的一半多一个。到第 10 天早上想再吃时，只剩下一个桃子了。求第一天共摘了多少个桃子。

```
源程序
#include <stdio.h>
void main( )
{   int day, peach=1;
    for(day=9; day>=1; day--)
    peach=(peach+1)*2;
    printf("peach=%d\n", peach);
}
```

运行结果

```
peach=1534
```

本程序 peach 代表桃子数，第 10 天剩一个桃子，即 peach=1，由第 10 天导出第 9 天的桃子数，由第 9 天导出第 8 天的桃子数，……，一直到第 1 天的桃子数，day 的值从 9 到 1。

【例 5.17】 求 Fibonacci 数列的前 40 个数。该数列的生成方法为：$F_1=1$，$F_2=1$，$F_n=F_{n-1}+F_{n-2}$（n>=3），即从第 3 个数开始，每个数等于前 2 个数之和。

```
源程序
#include <stdio.h>
void main( )
{ int i, f1, f2, f3;
```

```
    f1=1; f2=1;
    printf("% 10d% 10d", f1, f2);              /*输出前 2 个数*/
    for(i=3; i<=40; i++)
    {  f3=f1+f2;                               /*产生第 3 个数*/
       printf("% 10d", f3);                    /*输出第 3 个数*/
       if(i%4==0)  printf("\n");               /*一行输出 4 个数*/
       f1=f2;
       f2=f3;   }
    }
```

运行结果

```
       1         1         2         3
       5         8        13        21
      34        55        89       144
     233       377       610       987
    1597      2584      4181      6765
   10946     17711     28657     46368
   75025    121393    196418    317811
  514229    832040   1346269   2178309
 3524578   5702887   9227465  14930352
24157817  39088169  63245986 102334155
```

本程序属于递推问题。即不断地用旧值推算出新值，在程序中表现为不断地用新值取代旧值的过程。为了更清晰地输出数列，每行输出 4 个数。

Fibonacci 数列问题还可以有另外算法。

源程序

```
#include "stdio.h"
void main( )
{
    long int f1=1, f2=1;                   /*初始化数列的第一组 2 个数*/
    int i;                                 /*定义并初始化循环控制变量 i*/
    for(i=1 ; i<=20; i++ )                 /*1 组 2 个数, 20 组共 40 个数*/
    {   printf("%10ld%10ld", f1, f2);      /*输出第一组的 2 个数*/
        if(i%2==0)printf("\n");            /*输出 2 组数据(4 个数)后, 换行*/
        f1 += f2;  f2 += f1;               /*计算下一组 2 个数*/
    }
}
```

【例 5.18】求 S=1!+2!+3!+…+n!。

源程序

```
#include<stdio.h>
void main( )
{
    int i, n ;
    float s=0, s1=1;         /*s 用于计算累加的结果, s1 用于计算各阶乘的结果*/
    printf( "请输入 n=");
    scanf( "%d", &n);
    for(i=1; i<=n; i++)
    {   s1=s1*i;             /*循环求阶乘*/
        s=s+s1;              /*将各阶乘的结果累加*/
    }
    printf( "Sum=%.0f\n", s);
}
```

运行结果

```
请输入n=5
Sum=153
```

可以看出这是一个求和的问题，只不过每次累加的内容为阶乘的值。虽然在本表达式中需要求每个阶乘的值，但也不需要都从 1 开始乘，当知道（i–1)!，再乘以 i 就可以求出 i!了，那这个问题的解法就可以用单循环来实现了，在同一个循环中，先阶乘，后累加。

【例 5.19】用 “辗转相除法”求两个正数 m 和 n 的最大公约数。

算法如下：

①大数作分子放入 m 中，小数作分母放入 n 中。

②求 m/n 的余数 r 值。

③判断 r 的值。若 r=0，则分母 n 为最大公约数，否则，执行④。

④n 放入 m 中，r 放入 n 中，重复②，直至 r=0。

以 60/14 为例，步骤如下：

①60/14=4 余 4　　　说明：分母 14 不是公约数

②14/ 4=3 余 2　　　说明：分母 4 不是公约数

③4/ 2=2 余 0　　　说明：分母 2 是公约数

源程序

```
#include<stdio.h>
void main( )
 {
    int m, n, t, r;
    printf("please input m&n: ");
    scanf("%d%d", &m, &n);
    if(m<n){ t=m; m=n; n=t;}          /*大数放入m中，小数放入n中*/
    r=m%n;
    while(r)
    {   m=n;
        n=r;
        r= m%n; }
    printf("%d\n", n);
}
```

运行结果

```
please input m&n:60 14
2
```

本程序定义两个正数 m 和 n，若 m<n，则互换 m、n 的值，保证大数放入 m 中，小数放入 n 中。

【例 5.20】用 $\pi/4\approx 1-\frac{1}{3}+\frac{1}{5}-\frac{1}{7}+\cdots$ 公式求 π 的近似值，直到最后一项的绝对值小于 10^{-6} 为止。

源程序

```
#include "stdio.h"
#include "math.h"
void main( )
```

```
{   int s;
    float n, t, pi;
    t=1; pi=0; n=1; s=1;
    while(fabs(t)>=1e-6)
    {   pi=pi+t;
        n=n+2;
        s = -s;
        t=s/n;
    }
    pi=pi*4;
    printf("pi=%10.6f\n", pi);
}
```

运行结果

```
pi=  3.141594
```

本程序循环的条件是 fabs（t）>=1e-6，其中 fabs 是用来求绝对值的函数，但使用前必须用#include "math.h"编译预处理命令。

习题

一、选择题

1．设有程序段

```
int k=10;
while(k=0)k=k-1;
```

则下面描述中正确的是（　　）。

A）while 循环执行 10 次　　B）循环是无限循环

C）循环体语句一次也不执行　　D）循环体语句执行一次

2．下述 for 语句的循环（　　）。

```
int  i, x;
for( i=0, x=0;  i<=9&&x!=123;  i++ )
  scanf(“%d”, &x);
```

A）最多循环 10 次　　B）最多循环 9 次

C）无限循环　　D）一次也不循环

3．以下程序的输出结果是（　　）。

```
#include “stdio.h”
void main( )
{
    int a, i;
    a=0;
    for(i=1; i<5; i++)
    {   switch(i)
        {   case 0:
            case 3: a+=2;
            case 1:
            case 2: a+=3;
            default: a+=5;
```

```
        }
    }
    printf("a=%d", a);
}
```

A）31　　B）13　　C）10　　D）20

4. 若有如下语句

```
int x=3;
do{ printf("%d\n", x-=2); }
while(!(--x));
```

则上面程序段（　　）。

A）输出的是 1　　B）输出的是 1 和–2　　C）输出的是 3 和 0　　D）是死循环

5. 以下程序的输出结果是（　　）。

```
#include "stdio.h"
void main( )
{   int i;
    for(i=1; i<=5; i++)
    {
        if(i%2)
            putchar('<');
        else
            continue;
        putchar('>');
    }
    putchar('#');
}
```

A）<><><>#　　B）><><><#　　C）<><>#　　D）><><#

6. 下面程序的输出结果是（　　）。

```
void main( )
{   int a, b, c, t;
    a=1; b=2; c=2;
    while(a<b<c)
    { t=a;  a=b;  b=t;  c--; }
    printf("%d, %d, %d", a, b, c);
}
```

A）1，2，0　　B）2，1，0　　C）1，2，1　　D）2，1，1

7. 以下程序段的输出结果是（　　）。

```
int n=10;
while(n>6)
{   n--;
    printf("%d\n", n);
}
```

A）10
9
8

B）9
8
7
7

C）10
9
8
6

D）9
8
7

8．下面有关 for 循环的正确描述是（　　）。

A）for 循环只能用于循环次数已经确定的情况

B）for 循环是先执行循环体语句，后判断表达式

C）在 for 循环中，不能用 break 语句跳出循环体

D）for 循环的循环体语句中，可以包含多条语句，但必须用花括号括起来

9．以下程序段的输出结果是（　　）。

```
#include  "stdio.h"
void main( )
{   int c;
    while(( c=getchar( ))!='\n')
    {  switch(c-'2')
       {   case 0:
           case 1:  putchar(c+4);
           case 2:  putchar(c+4);  break;
           case 3:  putchar(c+3);
           case 4:  putchar(c+2);  break;
       }
    }
    printf("\n");
}
```

从第一列开始输入以下数据：

2743<CR>　　<CR>代表回车符

A）66877　　B）BB8966　　C）6677877　　D）6688766

10．以下程序的输出结果是（　　）。

```
#include  "stdio.h"
void main( )
{
    int i;
    for(i='A';  i<'I';  i++, i++ )
    printf("%c", i+32);
    printf("\n");
}
```

A）编译不通过　　B）aceg　　C）acegi　　D）abcdefghi

11. 下述 for 循环语句（　　）。

```
int i, k;
for(i=0, k=0; k=10; i++, k++)
    printf("$$$");
```

A）判断循环结束的条件非法　　B）是无限循环

C）只循环一次　　D）一次也不循环

12. 对于（1）（2）两个循环语句，（　　）是正确的描述。

```
(1)while(1);
(2)for( ;  ; );
```

A）（1）和（2）都是无限循环　　B）（1）是无限循环，（2）是错误的

C）（1）循环一次，（2）错误　　D）（1）（2）皆错误

13．若 i 为整数变量，则以下循环执行次数是（　）。

```
for(i=5; i==0; )
   printf("%d", i--);
```

A）无限次　　B）0 次　　C）1 次　　D）2 次

14. 下面程序的输出结果是（　）。

```
#include  "stdio.h"
void main( )
{   int num=0;
    while(num<=2)
    { num++;
      printf("%d\n", num);
    }
}
```

A）1
2
3
4　　B）1
2
3　　C）1
2　　D）1

15．以下程序段的描述，正确的是（　）。

```
for(t=1; t<=100; t++)
{
    scanf("%d", &x);
    if(x<0)
       continue;
    printf("%3d", t);
}
```

A）当 x<0 时整个循环结束　　B）x>=0 时什么也不做

C）printf 函数永远也不执行　　D）最多允许输出 100 个非负整数

16．以下程序的输出结果是（　）。

```
#include  "stdio.h"
void main( )
{
    int i, j, x=0;
    for(i=0; i<2; i++)
    {
       x++;
       for(j=0; j<3; j++)
       {
          if(j%2)  continue;
          x++;
       }
       x++;
    }
       printf("x=%d\n", x);
}
```

A）x=4　　B）x=8　　C）x=6　　D）x=12

17．设 j 为 int 型变量，则下面 for 循环语句的执行结果是（　　）。

```
for(j=10; j>3; j--)
{   if(j%3)  j--;
    --j; --j;
    printf("%d ", j);
}
```

A）6 3　　B）7 4　　C）6 2　　D）7 3

18．设 x 和 y 均为 int 型变量，则执行以下的循环后，y 值为（　　）。

```
for(y=1, x=1; y<=50; y++)
{
    if(x==10)
        break;
    if(x%2==1)
    {
        x+=5;
        continue;
    }
    x-=3;
}
```

A）2　　B）4　　C）6　　D）8

二、填空题

1．下面的程序当输入 1234 时其输出为____________。

```
#include <stdio.h>
void main( )
{
     int num ;
     printf( "Please enter a number " );
     scanf( "%d", &num );
     do
     {
        printf( "%d", num % 10 );
        num /= 10 ;
     }
     while( num != 0 );
}
```

2．下列程序的运行结果为____________。

```
#include <stdio.h>
void main( )
{
    int s=0, k;
    for(k=7; k>4; k--)
    {   switch(k)
        {
            case 1:
            case 4:
            case 7:  s++; break;
            case 2:
```

```
            case 3:
            case 6: break;
            case 0:
            case 5: s+=2; break;
        }
    }
    printf("s=%d", s);
}
```

3. 下面程序的功能是：输出 100 以内能被 3 整除且个位数是 6 的所有整数，请填空。

```
#include  "stdio.h"
void main()
{
   int i,j;
   for(i=0; ________;i++)
   {  j=i*10+6;
      if(________) continue;
      printf("%d ",j);
   }
}
```

4. 输出 1 到 1000 之内能被 5 或 7 整除，请将程序补充完整。

```
#include "stdio.h"
void main()
{
   int i;
   for(i=1;i<=1000;i++)
      if(_________)
        printf("%4d",i);
}
```

5. 输入一个整数，判断是否是素数，若为素数输出 1，否则输出 0，请将程序补充完整。

```
#include "stdio.h"
void main()
{
   int i, x, y=1;
   scanf("%d",&x);
   for(i=2; i<=x-1; i++)
      if________ { y=0; break;}
   printf("%d\n", y);
}
```

6. 以下程序的输出结果是____________。

```
#include "stdio.h"
void main()
{    int i=10,j=0;
     do
     {  j=j+i;
        i--;
     }while(i>2);
     printf("%d\n",j);
}
```

7．以下程序的输出结果是____________。

```
#include "stdio.h"
void main()
{  int x=15;
  while(x>10 && x<50)
  {  x++;
     if(x/3)  { x++;break;}
     else continue;
  }
printf("%d\n",x);
}
```

8．有以下程序：

```
#include "stdio.h"
void main()
{    char c;
     while((c=getchar())!='?')
     putchar(- -c);
}
```

程序运行时，如果从键盘输入：Z？N？<CR>，则输出结果是____________。

三、编程题

1．编一个程序，求 1～100 之间所有奇数之和。

2．编一个程序求 s=1!+2!+3!+…+10!的值。

3．计算 1–3+5–7+9+…–99+101 的值。

4．输出 1～100 之间不能被 3 整除的数，要求输出时 10 个为一行。

5．一个球从 10m 高度落下并反弹，且每次反弹的高度为下落高度的一半。问第 4 次落地时共经过多少米？第 4 次反弹的高度是多少？

第 5 章　习题答案

第 6 章　数　　组

课前导读

前面章节中，所使用的变量均是简单变量，处理的数据都是基本类型（整型、实型、字符型），因而只能处理一些简单问题。但在实际生活中，当需要处理大量数据时，使用基本类型的变量就显得力不从心，数组正是为了解决这类问题而产生的一种构造数据类型。数组是一些具有相同数据类型的数组元素的有序集合。数组中每一个元素都可以作为单个变量来使用。学习本章内容时，应重点掌握数组的定义、初始化和数组元素的引用，需要记忆。其中二维数组是难点，对于二维数组应正确理解按行存放的方式。并在此基础上，掌握数组的应用。

学习目标

- 掌握一维数组的定义、初始化和引用；
- 掌握二维数组的定义、初始化和引用；
- 掌握字符数组的定义、初始化；
- 掌握字符串处理函数；
- 学会数组的应用。

教学要求

本章教学要求见表 6-1。

表 6-1　　第 6 章教学要求

知识要点	教学要求	能力要求
一维数组的使用	掌握一维数组的定义； 掌握一维数组的初始化； 掌握一维数组的引用； 掌握一维数组的应用	分析程序，确定是否用一维数组来完成
二维数组的使用	掌握二维数组的定义； 掌握二维数组的初始化； 掌握二维数组的引用； 掌握二维数组的应用	分析程序，确定是否用二维数组来完成
字符数组的使用	掌握字符数组的定义； 掌握字符数组的初始化、使用； 掌握常用字符串处理函数的功能； 学会常用字符串处理函数的使用方法	解决与字符串相关的程序编程

思维导图

本章思维导图如图 6-1 所示。

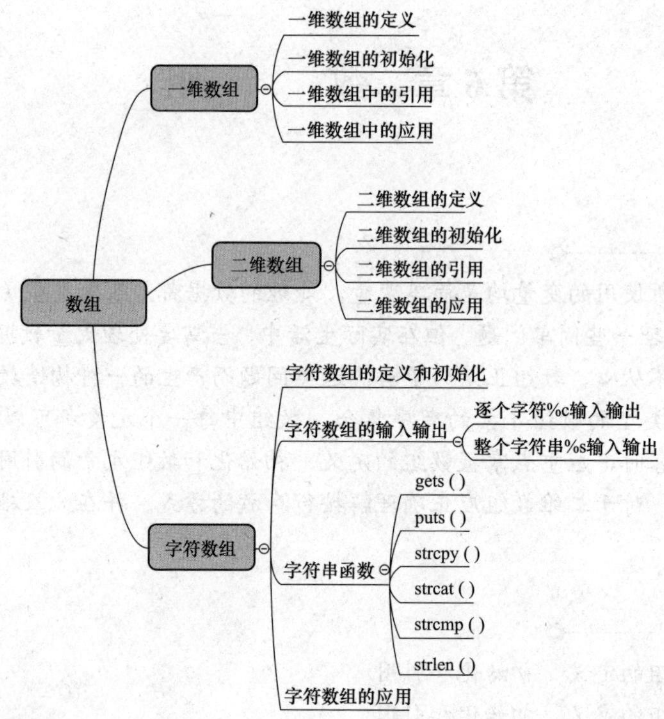

图 6-1 第 6 章思维导图

6.1 问题提出与程序示例

1. 问题描述

统计成绩不及格的学生名单问题。每学期期末，教务处都要统计成绩不及格的同学，以便安排下学期开学的补考。假设某班有 20 名同学选修“C 语言程序设计”课程，要求统计该班参加“C 语言程序设计”课程补考的学生名单。

2. 程序代码

源程序

```
#include "stdio.h"
void main( )
{
    int score[20];
    int i;
    printf("Enter students scores: \n");
    for(i=0; i< 20; i++)                /*输入 20 位同学的成绩*/
        scanf("%d", &score[i]);
    printf("failed numbers: \n");
    for(i=0; i< 20; i++)                /*输出成绩不及格学生的学号*/
        if(score[i]< 60)
            printf("不及格学生的学号为: %d\n", i+1);
}
```

运行结果

```
Enter students scores:
52 78 87 86 85 90 69 88 77 92 56 48 82 83 85 69 68 88 79 78
failed numbers:
不及格学生的学号为：1
不及格学生的学号为：11
不及格学生的学号为：12
```

3. 程序说明

从程序中可以看出20名学生的成绩是放在数组score中，这里涉及数组的定义和引用。每一个数组元素都可以当成简单变量来使用，本程序数组元素的赋值是通过键盘输入的。

6.2　一　维　数　组

6.2.1　一维数组的定义

数组同变量一样，必须“先定义、后使用”。

一维数组定义形式如下：

数据类型　数组名1［常量表达式1］[，数组名2［常量表达式2］……]；

例如：

```
int a[10], b[5];
```

定义两个数组a和b，其中a数组中有10个元素，b数组中有5个元素，这些元素都是整型数据。

注意：

- 数组名与变量名一样，必须遵循标识符命名规则。
- 数组名之后必须用方括号，不能写圆括号。
- 常量表达式是数组的元素个数（又称数组长度），必须用常量或常量表达式，不能使用变量或包含变量的表达式。
- C语言规定第一个元素的下标为0，第二个元素的下标为1，依次类推，那么数组中最后一个元素的下标为“常量表达式–1”。
- 数组名代表数组的首地址。

例如，以下数组定义也是正确的：

```
#define  N  10
int a[N];
float b[N+5], c[3+2];
```

下面的定义是不合法的：

```
int n;
scanf("%d", &n);
int a[n];
```

6.2.2　一维数组的初始化

在定义一维数组的同时给数组元素赋初值称为一维数组的初始化。

一维数组初始化格式如下：

数据类型　数组名［常量表达式］={初值表}；

（1）对数组的所有元素均赋予初值，数组的长度可以省略。

例如：int a［6］={1，2，3，4，5，6}；

也可写为 int a［ ］={1，2，3，4，5，6}；

（2）对数组的部分元素赋予初值。

例如：int b［5］={1，2，3}；

其中，b［0］=1，b［1］=2，b［2］=3，其余各元素均为 0。

（3）对数组的所有元素均赋予 0 值。

例如：int c［10］={0}；等价于 int c［10］={0，0，0，0，0，0，0，0，0，0}；

6.2.3　一维数组的引用

在 C 语言中，对数组的访问通常是通过对数组元素的引用来实现的，不能一次引用整个数组。

一维数组元素引用一般形式如下：

数组名［下标表达式］

其中，“下标表达式”可以是任何非负整型常量、整型变量或整型表达式，取值范围是 0～（元素个数–1）。

【例 6.1】从键盘输入 10 个整数，分别按正序和逆序将其输出。

```
源程序
#include "stdio.h"
void main( )
{
   int i, a[10];
   printf("Input 10 numbers: ");
   for(i=0; i<10; i++)                          /*键盘输入 10 个数据*/
      scanf("%d", &a[i]);
   for(i=0; i<10; i++)                          /*正序输出 10 个数据*/
     printf("%5d", a[i]);
   printf("\n");
   for(i=9; i>=0; i--)
     printf("%5d", a[i]);                       /*逆序输出数组元素的值*/
   printf("\n");
}
```

运行结果

```
Input 10 numbers:1 2 3 4 5 6 7 8 9 10
    1    2    3    4    5    6    7    8    9   10
   10    9    8    7    6    5    4    3    2    1
```

【例 6.2】从键盘输入 10 个整数，求其中正数之和、负数之和。

```
源程序
#include "stdio.h"
void main( )
{
   int a[10], s1=0, s2=0, j;         /*s1 表示正数和，s2 表示负数和，初值为 0*/
   printf("Input 10 numbers: ");
   for(j=0; j<10; j++)               /*键盘输入 10 个数据*/
```

```
        scanf("%d", &a[j]);
    for(j=0; j<10; j++)
    {  if(a[j]>0)s1=s1+a[j];
       if(a[j]<0)s2=s2+a[j]; }
    printf("s1=%d, s2=%d\n", s1, s2);
}
```

运行结果

```
Input 10 numbers:
10 -3 9 8 -5 -7 -8 -1 0 12
s1=39,s2=-24
```

从程序可以看出定义一个含 10 个元素的整型数组 a［10］，再定义两个存放正数和负数和值的变量 s1 和 s2，均赋初值 0，另定义一个循环变量 j，通过循环语句分别键盘输入 10 个数据和求出这两个和值。

【例 6.3】 计算 10 个学生成绩的及格率。

源程序

```
#include<stdio.h>
void main( )
{
    float stu[10], pass;                /*变量 pass 表示及格率*/
    int i, count=0;                     /*变量 count 表示及格学生人数，初值为 0*/
    printf("请依次输入 10 个学生的成绩：\n");
    for(i=0; i<10; i++)
    {
        scanf("%f", &stu[i]);           /*用循环依次输入 10 个学生的成绩*/
    }
    for(i=0; i<10; i++)
      if(stu[i]>=60)count++;            /*统计成绩及格的学生人数*/
    printf("成绩及格的学生人数为：%d\n", count);
    pass=count/10.0;                    /*计算合格率，赋值给变量 pass*/
    printf("这十个学生的及格率为%.1f%%\n", pass*100);       /*输出合格率*/
}
```

运行结果

```
请依次输入10个学生的成绩：
89 90 88 56 88 86 84 79 88 49
成绩及格的学生人数为：8
这十个学生的及格率为80.0%
```

从程序可以看出要计算及格率，就必须知道及格的学生有多少个，首先从键盘输入 10 个学生成绩，统计成绩及格的学生人数，放入变量 count 中，再计算合格率，赋值给变量 pass。

【例 6.4】 输入 10 个整数，找出其中最大数和最小数。

源程序

```
#include "stdio.h"
void main( )
{
    int a[10], i, max, min;
    printf("input array a: ");
    for(i=0; i<10; i++)                          /*键盘输入 10 个数据*/
        scanf("%d", &a[i]);
```

```
    max=min=a[0];
    for(i=1; i<10; i++)
    {   if(a[i]>max)max=a[i] ;          /*max 保留最大数*/
        if(a[i]<min)min=a[i] ; }        /*min 保留最小数*/
    printf("max=%d\nmin=%d\n ", max, min);
}
```

运行结果

```
input array a:12 34 56 55 77 8 99 12 4 7
max=99
min=4
```

程序中定义变量 max 代表最大数，min 代表最小数。最大数和最小数的初值为 a [0]，然后和 a [i]（i 的值从 1～9）进行比较，如果 a [i] 比 max 大，则放入 max 中；如果 a [i] 比 min 小，则放入 min 中。

【例 6.5】求 Fibonacci 数列的前 40 个数。该数列第 1 项、第 2 项均为 1，从第 3 项开始，每个数等于前 2 个数之和。

```
源程序
#include "stdio.h"
void main( )
{
    int i, f[40]=[1, 1};          /*定义 40 个元素的数组，初始化 f[0]=f[1]=1 */
    for(i=2; i<40; i++)
        f[i]=f[i-2]+f[i-1];
    for(i=0; i<40; i++)
    {   if(i%4==0)printf("\n");  /*每行输出 4 个数据*/
        printf("%10d", f[i]);
    }
}
```

运行结果

```
         1         1         2         3
         5         8        13        21
        34        55        89       144
       233       377       610       987
      1597      2584      4181      6765
     10946     17711     28657     46368
     75025    121393    196418    317811
    514229    832040   1346269   2178309
   3524578   5702887   9227465  14930352
  24157817  39088169  63245986 102334155
```

本程序定义一个含有 40 个元素的数组，前两个元素的初值赋为 1，定义一个循环控制变量 i（i 的值从 2～39），每一个元素都是其前面两个元素的和；用对 4 取余的方法控制每行输出 4 个数。

【例 6.6】对 10 个整数进行排序，排序方式为从小到大。

排序的方法有很多，冒泡法是其中之一。一般分为“上浮法”和“下沉法”，本题采用“下沉法”完成数据的排序。其基本思想：从第一个数开始，对相邻两个数之间进行比较，通过交换使较大的数在后，直到最后两个数比较完毕。完成一趟这样的排序，就找到了最大的数并且下沉到最后一个位置。对余下的数据重复这个比较过程，直到排完序为止。

由 a［0］～a［9］组成的 10 个数据，进行冒泡排序的过程可以描述如下。

（1）首先将相邻的 a［0］与 a［1］进行比较，如果 a［0］的值大于 a［1］的值，则交换两个元素的值，使较小的上浮，较大的下沉；接着比较 a［1］与 a［2］，同样使小的上浮，大的下沉。依次类推，直到比较完 a［8］和 a［9］后，a［9］为最大元素，称第一次排序结束。

（2）然后在 a［0］～a［8］区间内，进行第二次排序，使剩余元素最大值下沉到 a［8］。

（3）共重复进行 9 次排序后，整个排序过程结束。

源程序

```
#include "stdio.h"
#define N 10
void main( )
{
    int a[N];
    int i, j, temp;                         /*定义循环变量和临时变量*/
    printf("Please input 10 numbers: \n");
    for(i=0; i<N; i++)
        scanf("%d", &a[i]);                 /* 键盘输入 10 个元素*/
    for(i=0; i<N-1; i++)                    /*冒泡法排序。外循环：控制比较趟数*/
        for(j=0 ; j<N-1-i;  j++)            /*内循环：进行每趟比较*/
            if(a[j]>a[j+1])                 /*如果 a[j]大于 a[j+1]，则交换两数*/
            {   temp=a[j];
                a[j]=a[j+1];
                a[j+1]=temp;
            }
    printf("\nthe  result of sort: \n");  /*输出排序后的数据*/
    for(i=0; i<N; i++)
        printf("%d ", a[i]);
}
```

运行结果

```
Please input 10 numbers:
12 3 5 43 13 4 89 0 21 35

the  result of sort:
0 3 4 5 12 13 21 35 43 89
```

6.3　二　维　数　组

6.3.1　二维数组的定义

二维数组定义的一般格式如下：

数据类型 数组名[常量表达式 1][常量表达式 2];

例如：int b［3］［4］;

定义了二维数组 b，数组 b 中包含 3×4 个数组元素，这些元素都是整型数据。

	第 0 列	第 1 列	第 2 列	第 3 列
第 0 行	b[0][0]	b[0][1]	b[0][2]	b[0][3]
第 1 行	b[1][0]	b[1][1]	b[1][2]	b[1][3]
第 2 行	b[2][0]	b[2][1]	b[2][2]	b[2][3]

注意：

- 数组 b 中行列下标均从 0 开始。
- 数组 b 的逻辑结构好似一个 3 行 4 列的表格，但在物理结构上，与一维数组一样，在内存中占据连续的一片存储单元，各数组元素按行依次存放。
- 二维数组定义时，两个常量表达式的值只能是整数，分别表示行数和列数，书写时要分别用方括号括起来。例如，int b［3，4］；是不正确的。

6.3.2　二维数组的初始化

二维数组的初始化是指在定义二维数组的同时对其赋初值，可以用下面方法。

（1）分行给二维数组所有元素赋初值。

例如：int a［3］［4］={{1，2，3，4}，{5，6，7，8}，{9，10，11，12}}；

其中，{1，2，3，4}依次赋给 a 数组第 0 行的 4 个元素，{5，6，7，8}依次赋给 a 数组第 1 行的 4 个元素，{9，10，11，12}依次赋给 a 数组第 2 行的 4 个元素。

（2）不分行给二维数组所有元素赋初值。

例如：int a［3］［4］={1，2，3，4，5，6，7，8，9，10，11，12}；

C 语言规定，用这种方法给二维数组赋初值时，是先按行、后按列的顺序进行赋值。

（3）可以对部分元素赋初值。

```
int a[3][4]={{1},{2},{3}};        /*只对各行第 0 列的元素赋初值，其他元素自动赋 0 值*/
int a[3][4]={{1},{5,6}};          /*只对前两行前面的部分元素赋初值，其他元素自动赋0值*/
int a[3][4]={{1},{9}};            /*对第 1 行不赋初值*/
```

（4）如果对全部元素都赋初值，则定义数组时对第一维的长度可以不指定，但第二维的长度不能省略。例如：

```
int a[3][4]={1, 2, 3, 4, 5, 6, 7, 8, 9, 10, 11, 12};
```

等价于

```
int a[][4]={1, 2, 3, 4, 5, 6, 7, 8, 9, 10, 11, 12};
```

系统会根据数据总个数分配存储空间，一共 12 个数据，每行 4 列，可确定为 3 行。

6.3.3　二维数组的引用

二维数组引用的格式如下：

```
数组名[行下标][列下标]
```

其中，“行下标”和“列下标”应为整型常量、整型变量或整型表达式。行下标范围为 0～（行数–1），列下标范围为 0～（列数–1）。

例如，a［i］［j］表示二维数组 i 行和 j 列的元素。

【例 6.7】二维数组的引用。

```
源程序
#include <stdio.h>
void main( )
{
    int a[][3]={{1, 2, 3}, {4, 5}, {6}, {0}};    /*此处为二维数组的定义并赋值*/
    printf("%d, %d, %d\n", a[1][1], a[2][1], a[3][1]);
                                            /*引用了该二维数组中的 3 个元素*/
}
```

运行结果

```
5,0,0
```

【例 6.8】二维数组的输入，并且要求矩阵格式进行输出。

源程序

```
#include<stdio.h>
void main( )
{
    int a[3][4], i, j;                    /*定义一个 3 行 4 列的二维数组 a*/
    printf("请输入 3*4 个元素: \n ");
    for(i=0; i<3; i++)                    /*外循环表示行, 共 3 行, 下标从 0 开始*/
        for(j=0; j<4; j++)                /*内循环表示列, 共 4 列, 下标从 0 开始*/
            scanf("%d", &a[i][j]);        /*输入各数组元素的值*/
    printf("矩阵格式输出该二维数组: \n");
    for(i=0; i<3; i++)                    /*外循环表示行, 输出每一行*/
    {
        for(j=0; j<4; j++)                /*内循环表示列, 输出某行的每一列*/
            printf("%5d", a[i][j]);
        printf("\n");                     /*一行输出完成后, 换行*/
    }
}
```

运行结果

```
请输入3*4个元素:
 12 14 16 18
 11 12 13 14
 23 44 55 66
矩阵格式输出该二维数组:
   12   14   16   18
   11   12   13   14
   23   44   55   66
```

如果要实现整个二维数组的输入/输出，则必与二重循环进行结合，外循环表示行，内循环表示列，输入时，数组元素前要加取地址符号&，输出时，如果要换行输出的话，要加换行语句。

【例 6.9】已知一个 3×4 矩阵，求出矩阵中所有元素中的最大值以及其所在的行数和列数。

源程序

```
#include "stdio.h"
void main( )
{
    int i, j, max, max_row, max_column ;  /*最大值的行标max_row、列标max_column */
    int  a[3][4]={1, 2, 3, 4, 5, 6, 7, 8, 9, 10, 11, 12};
    max=a[0][0], max_row=0, max_column=0 ;
    for(i=0; i<3; i++)
        for(j=0; j<4; j++)
            if(a[i][j]>max)
            {  max=a[i][j]; max_row=i;  max_column=j;}
                                            /*保留最大值、行标和列标*/
    printf("max=%d\n ", max);               /*输出最大值*/
    printf("max_row=%d\n ", max_row);       /*输出最大值的行标*/
    printf("max_column=%d\n ", max_column); /*输出最大值的列标*/
}
```

运行结果

```
max=12
max_row=2
max_column=3
```

【例 6.10】按要求打印杨辉三角形。该三角形的数字是按一定规律构成，其构成规律是：除了数字 1 以外的任何数字都是由它的上一行的本列和上一行的前列元素相加而成。

```
  1
  1   1
  1   2   1
  1   3   3   1
  1   4   6   4   1
  1   5  10  10   5   1
  1   6  15  20  15   6   1
  1   7  21  35  35  21   7   1
  1   8  28  56  70  56  28   8   1
  1   9  36  84 126 126  84  36   9   1
```

源程序

```
#define N 10
#include "stdio.h"
void main( )
{
    int a[N][N], i, j;          /*定义一个用于存放数据的二维数组*/
    /*将数字 1 写入数组的第 0 列、行列相等的元素中*/
    for(i=0; i<N; i++)
        a[i][0]=a[i][i]=1;
    for(i=2; i<N; i++)
      for(j=1; j<i; j++)
        a[i][j]=a[i-1][j-1]+a[i-1][j];
    for(i=0; i<N; i++)
    {    for(j=0; j<=i; j++)
            printf("%6d", a[i][j]);
        printf("\n");
    }
}
```

思考：若只输出 5 行，程序应如何修改？

【例 6.11】将一个二维数组的行和列互换，存放到另一个二维数组中。例如将 a 数组转换 b 数组。

$$a=\begin{cases}1 & 2 & 3\\ 4 & 5 & 6\end{cases} \qquad b=\begin{cases}1 & 4\\ 2 & 5\\ 3 & 6\end{cases}$$

分析：设定两个数组 a［2］［3］和 b［3］［2］，两者之间的关系互为转置。

源程序

```
#include "stdio.h"
void main( )
{
    int i, j, a[2][3], b[3][2];
    printf("Please input array a: \n");
    for(i=0; i<2; i++)
        for(j=0; j<3; j++)
```

```
        {   scanf("%d", &a[i][j]);                /*输入 a 数组的元素*/
            b[j][i]=a[i][j];                      /*将 a 数组转置为 b 数组*/
        }
    printf("output array b: \n");
    for(i=0; i<3; i++)
    {   for(j=0; j<2; j++)
            printf("%5d", b[i][j]);               /*输出 b 数组*/
        printf("\n");
    }
}
```

运行结果

```
Please input array a:
1 2 3
4 5 6
output array b:
    1    4
    2    5
    3    6
```

6.4　字 符 数 组

字符数组是存放字符型数据的数组，其中每个数组元素存放的值均是单个字符。字符数组也有一维数组和多维数组之分。比较常用的是一维字符数组和二维字符数组。

6.4.1　字符数组的定义和初始化

1. 字符数组的定义

一维字符数组定义的一般格式如下：

```
char 数组名[常量表达式];
```

例如，char str1［8］;

二维字符数组定义的一般格式如下：

```
char 数组名[常量表达式1][常量表达式2];
```

例如，char str2［6］［80］;

2. 字符数组的初始化

字符数组的初始化主要有两种方式。

（1）逐个字符赋值。

例如：char　ch1［5］={'h'，'e'，'l'，'l'，'o'} ；

也可写为 char　ch1［ ］={'h'，'e'，'l'，'l'，'o'};

在这种情况下，字符数组 ch1 在内存中的存放形式如图 6-2 所示。

ch1[0]	ch1[1]	ch1[2]	ch1[3]	ch1[4]
h	e	l	l	o

图 6-2　数组 ch1 在内存中的存放形式

若赋值号右边常量个数少于数组元素个数，则自动添加字符串的结束符'\0'。

二维数组定义时如果进行初始化，则第一维可以省略。

例如：char star［］［5］={{'*'}，{'*'，'*'}，{'*'，'*'，'*'}，{'*'，'*'，'*'，'*'}}；

字符数组 star 在内存中的存放形式如图 6-3 所示。

	第0列	第1列	第2列	第3列	第4列
第0行	*	\0	\0	\0	\0
第1行	*	*	\0	\0	\0
第2行	*	*	*	\0	\0
第3行	*	*	*	*	\0

图 6-3 数组 star 在内存中的存放形式

（2）用字符串常量赋值。

例如：char str1［6］="hello"；

此时，字符数组 str1 在内存中的存放形式如图 6-4 所示。

str1[0]	str1[1]	str1[2]	str1[3]	str1[4]	str1[5]
h	e	l	l	o	\0

图 6-4 数组 str1 在内存中的存放形式

6.4.2 字符数组的输入/输出

字符数组的输入/输出可以有两种方法：

（1）逐个字符输入/输出，用格式符"%c"。

（2）将整个字符串一次输入或输出，用格式符"%s"。

注意：

- 输出字符不包括结束符'\0'。
- 用"%s"格式符输出字符串时，printf( )函数中的输出项是字符数组名。
- 如果数组长度大于字符串实际长度，也只输出到遇'\0'结束。例如：

```
char c [10] ={"China"};
printf ("%s",c);
```

只输出"China"5 个字符，而不是输出 10 个字符。

- 如果一个字符数组中包含一个以上'\0'，则遇第一个'\0'时输出就结束。

【例 6.12】逐个字符输出和字符串一次输出应用举例。

```
源程序
#include<stdio.h>
void main( )
{
   char word[8]="welcome";
   int i;
   for(i=0; i<8; i++)        /*使用循环语句逐个字符进行输出，word[i]是数组元素*/
      printf("%c", word[i]);
   printf("\n");
   printf("%s", word);       /*整个字符串进行输出，word 是数组名*/
   printf("\n");
}
```

运行结果

```
welcome
welcome
```

本程序使用循环语句逐个字符进行输出，格式符%c 后面是 word［i］，word［i］是数组元素；格式符%s 后面是 word，word 是数组名。

6.4.3 字符串处理函数

C 语言提供了丰富的字符串处理函数，这些函数使用起来方便、可靠。在使用字符串处理函数时，要用编译预处理命令#include 将头文件"string.h"包含进来。下面介绍几个常用的字符串处理函数。

1. 字符串输入函数 gets( )

gets( )函数一般调用格式如下：

```
gets(str);
```

功能：接收从终端键盘输入的字符串（字符串可以包括空格），直到遇到回车符为止。

【例 6.13】编写函数统计输入的一行字符中单词的个数，单词之间用空格隔开。

```
源程序
#include "stdio.h"
void main( )
{   char s[81];
    int i=0, num=0, state=0;
    printf("Please input the sentence: ");
    gets(s);
    while(s[i]!=0)
    {   if(s[i]==' ')state=0;
        else if(state==0)
        {   state=1;
            num++;
        }
        i++;
    }
    printf("输入行共有%d 个单词\n", num);
}
```

运行结果

```
Please input the sentence:I am a boy.
输入行共有4个单词
```

定义元素值状态的变量 state 初值为 0，表示当前元素为空格，用来统计单词个数变量 num 初值为 0，循环条件是每一个元素的值不为结束符'\0'，当前面的一个元素的状态为 0，当前元素为非空格时表示一个新的单词开始了，用来存放单词数量的累加器加 1，若前面的单词的状态为 1（非空格），当前的元素为非结束符，则累加器不加 1。

2. 字符串输出函数 puts( )

puts( )函数的一般调用格式如下：

```
puts(str) ;
```

功能：把字符数组中的字符串输出到终端，直到遇到字符串结束标志的第 1 个'\0'字符为止。

【例 6.14】从键盘输入一行字符，存放在字符数组中，然后输出。

```
源程序
#include <stdio.h>
void main( )
{
    char str[80];
    int i;
    printf("please enter the characters:  ");
    for(i=0; (str[i]=getchar( ))!= '\n'; i++);
                                        /*输入字符，按 Enter 键时结束*/
    str[i]= '\0';                       /*添加字符串结束标志*/
    puts(str);                          /*输出字符串*/
}
```

运行结果

```
please enter the characters: BOOK
BOOK
```

3. 字符串复制函数 strcpy( )

该函数的一般调用格式如下：

```
strcpy(str1, str2);
```

功能：把 str2 所指向的字符串复制到 str1 所指的字符数组中。

注意：

- 要求 str1 的空间不小于 str2，否则会因为空间不够大而造成复制后数据出错。

【例 6.15】编写程序实现字符串的复制。

方法一：采用 strcpy( )函数完成

```
源程序
#include  "string.h"
#include  "stdio.h"
void main( )
{
    char  str1[20], str2[20];
    printf("Please input a string: ");
    scanf("%s", str2);
    strcpy(str1, str2);
    printf("str1:  %s \nstr2: %s\n", str1, str2);
}
```

运行结果

```
Please input a string:GOOD
str1: GOOD
str2:GOOD
```

方法二：采用循环完成

```
源程序
#include  "stdio.h"
void main( )
```

```
{
    char  str1[20], str2[20];
    int  i=0 ;
    printf("Please input a string: ");
    scanf("%s", str2);
    while(str2[i]!='\0')
    {   str1[i]=str2[i];
        i++ ;
    }
    str1[i]='\0' ;
    printf("str1: %s \nstr2: %s\n", str1, str2);
}
```

运行结果

```
Please input a string:GOOD
str1: GOOD
str2:GOOD
```

4. 字符串连接函数 strcat( )

该函数的一般调用格式如下：

strcat（str1，str2）;

功能：将 str2 所指的字符串连接到 str1 所指的字符串的后面，并自动覆盖 str1 所指的字符串的尾部字符 '\0'。

【例 6.16】字符串连接的例子。

源程序

```
#include<stdio.h>
#include<string.h>
void main( )
{
    char str1[20]="good ", str2[ ]="bye!";
    strcat(str1, str2);
    puts(str1);
    strcat(str1, "2022");
    puts(str1);
}
```

运行结果

```
good bye!
good bye!2022
```

5. 字符串比较函数 strcmp( )

该函数的一般调用格式如下：

```
strcmp(str1, str2);
```

功能：比较 str1 和 str2 所指向的两个字符串。

字符串比较的规则是将两个字符串自左向右逐个字符相比（按 ASCII 码值大小比较），直到出现不同的字符或到'\0'为止。如全部字符相同，则认为相等，如出现不相同的字符，则以第一个不相同的字符的比较结果为准。

str1 与 str2 相等时，函数值为 0。

str1>str2 时，函数值为正数。

str1<str2 时，函数值为负数。

【例 6.17】由键盘任意输入 3 个字符串，找出其中的最大串。

```
源程序
#include<stdio.h>
#include<string.h>
void main( )
{
    char str[20], s[3][20];
    int i;
    printf("Please input 3 strings: \n");
    for(i=0; i<3; i++)
        gets(s[i]);
    if(strcmp(s[0], s[1])>0)
        strcpy(str, s[0]);
    else
        strcpy(str, s[1]);
    if(strcmp(s[2], str)>0)
       strcpy(str, s[2]);
    printf("The largest string is:  %s\n", str);
}
```

运行结果

```
Please input 3 strings:
good
pass
fail
The largest string is:  pass
```

6. 求字符串长度函数 strlen( )

该函数的一般调用格式如下：

```
strlen(字符串);
```

功能：求字符串（常量或字符数组）实际长度（不包含结束标志）。

【例 6.18】用 strlen( )测试字符串的长度。

```
源程序
#include  "string.h"
#include  "stdio.h"
void main( )
{
    char s1[]="This is a book ";
    printf("len=%d\n", strlen(s1));
}
```

运行结果

```
len=15
```

【例 6.19】判断一个字符串是不是回文。回文是顺读和倒读都一样的字符串，比如字符串"abcdcba"或"abcddcba"。

源程序

```
#include "stdio.h"
#include "string.h"
void main( )
{
    char str[10];
    int  i, j;
    printf("请输入字符串: ");
    gets(str);
    i=0;
    j=strlen(str)-1;
    while(i<j)
    {
        if(str[i]!=str[j])break;
        i++;
        j--;
    }
    if(i>=j)
        printf("该字符串是回文\n");
    else
        printf("该字符串不是回文\n");
}
```

运行结果 1

```
请输入字符串: ABCDCBA
该字符串是回文
```

运行结果 2

```
请输入字符串: ABCDE
该字符串不是回文
```

根据回文的概念，从字符串前后对应位置依次各取一个字符进行比较，取到中间字符为止，如果每组字符都相同则是回文，否则不是回文。

习题

一、选择题

1．若有以下语句，则正确的描述是（　　）。

```
char x[ ]="12345";
char y[ ]={'1', '2', '3', '4', '5'};
```

A）x 数组和 y 数组的长度相同　　B）x 数组长度大于 y 数组长度

C）x 数组长度小于 y 数组长度　　D）x 数组等价于 y 数组

2．下述对 C 语言字符数组的描述中错误的是（　　）。

A）字符数组可以存放字符串

B）字符数组的字符串可以整体输入/输出

C）可以在赋值语句中通过赋值运算符“=”对字符数组整体赋值

D）不可以用关系运算符对字符数组中的字符串进行比较

3．判断字符串 s1 是否大于 s2，应当使用（　　）。

A）if（s1>s2） B）if（strcmp（s1，s2））

C）if（strcmp（s1，s2）>0） D）if（strcmp（*s1，*s2）>0）

4．以下对一维整型数组 a 的正确说明是（　　）。

A）int a（20）； B）int n= 20，a［n］；

C）int　n；
　　scanf("%d"，&n);
　　int a[n];

D）#define　N　20
　　int a[N];

5．若有说明：int a［20］；则对 a 数组元素的正确引用是（　　）。

A）a［20］ B）a［5.5］

C）a［5］ D）a［10-20］

6．以下对二维数组 a 的正确定义是（　　）。

A）int a［4］［ ］； B）double a（4，5）；

C）double a［1］［5］； D）double a（4）（5）；

7．不能把字符串"string"赋给数组 a 的语句是（　　）。

A）char a［10］={'s'，'t'，'r'，'i'，'n'，'g'，'\0'}；

B）char a［10］；a="string"；

C）char a［10］；strcpy（a，"string"）；

D）char a［10］="string"；

8．以下对二维数组 a 进行不正确初始化的是（　　）。

A）int a［ ］［3］={1，2，3，4，5，6}；

B）int a［ ］［3］={{ 1，2，3}，{4，5，6}}；

C）int a［2］［3］={{ 1，2，3}，{4，5，6}}；

D）int a［ ］［ ］= {{1，2，3}，{4，5，6}}；

9．当执行下面的程序时，如果输入 AABB，则输出结果是（　　）。

```
#include "stdio.h"
#include "string.h"
void main( )
{
    char ss[10]= "1, 2, 3, 4, 5";
    gets(ss);
    strcat(ss, "678");
    printf("%s\n", ss);
}
```

A）AABB678　　B）AABB67　　C）12345AABB　　D）AABB45678

10．有下面程序段：

```
char a[3], b[ ]= "china";
a=b;
printf("%s", a);
```

则（　　）。

A）运行后将输出 china B）运行后输出 ch

C）运行后将输出 chi D）编译出错

11. 下列程序执行后的输出结果是（ ）。

```
#include "string.h"
void main( )
{
    char a[ ]={'a', 'b', 'c', 'd', 'e', '\0'};
    printf("%d, %d\n", sizeof(a), strlen(a));
}
```

A）6，6　　B）5，6　　C）5，5　　D）6，5

12. 若有说明：int array［ ］［3］={1，2，3，4，5，6，7}；则 array 数组第一维的大小是（ ）。

A）2　　B）4　　C）3　　D）无确定值

13. 下面是对 x 数组的初始化，其中不正确的是（ ）。

A）char x［5］={"abc"}；

B）char x［5］={'a'，'b'，'c'}；

C）char x［5］={'a'，'b'，'c'，'d'，'e'}；

D）char x［5］= "abcde"；

14. 下面程序段的运行结果是（ ）。

```
char a[7]="abcdef";
char b[4]="abc";
strcpy(a, b);
printf("%c", a[5]);
```

A）□　　B）\0　　C）e　　D）f

15. 下面程序的运行结果是（ ）。

```
#include "stdio.h"
#include "string.h"
void main( )
{   char a[80]="AB", b[80]="LMNP";
    int i=0;
    strcat(a, b);
    while(a[i++]!='\0')
        b[i]=a[i];
    puts(b);
}
```

A）LB　　B）ABLMNP　　C）AB　　D）LBLMNP

16. 以下对二维数组 a 进行正确初始化的是（ ）。

A）int a［2］［3］={{1，2}，{3，4}，{5，6}}；

B）int a［］［3］={1，2，3，4，5，6}；

C）int a［2］［］={1，2，3，4，5，6}；

D）int a［2］［］={{1，2}，{3，4}}；

17. 当接受用户输入的含有空格的字符串时，应使用（ ）函数。

A）scanf( )　　B）gets( )

C）getchar( )　　D）puts( )

18. 以下程序的执行结果是（　　）。

```
#include "stdio.h"
void main( )
{
    char ch[7]={"12ab34"};
    int i, s=0;
    for(i=0; ch[i]>='0' && ch[i]<='9'; i+=2)
        s=10*s+ch[i]-'0';
    printf("%d\n", s);
}
```

A）1　　B）1234　　C）12ab34　　D）1
2
3
4

19. 已知：char　string1［10］=“abcde”，string2［10］=“xyz”；则下列 C 语句输出结果是（　　）。

```
printf("%d", strlen(strcpy(string1, string2)));
```

A)3　　B)5　　C)8　　D)9

20. 以下程序的执行结果是（　　）。

```
# include "stdio.h"
void main( )
{   char str[ ]="SSSWLIA", c;
    int k;
    for( k=2; (c=str[k])!='\0';  k++)
    {   switch(c)
        {   case 'I':  ++k; break;
            case 'L':  continue;
            default:  putchar( c); continue;
        }
        putchar( '*' );
    }
}
```

A）SSW*　　B）SW*　　C）SW*A　　D）SW

二、填空题

1. 下列数组的下标范围分别是？

（a）int array1［6］；＿＿＿＿＿＿＿＿

（b）float array2［ ］=｛ 1.3，2.9，11.8，0 ｝；＿＿＿＿＿＿＿＿

（c）int array3［6］［3］；＿＿＿＿＿＿＿＿

（d）int array4［ ］［4］=｛｛ 6，2，1，3 ｝，｛ 7，3，8，1 ｝ ｝；＿＿＿＿＿＿＿＿

2. 写出完成如下定义的语句：

（a）有 10 个元素的单精度浮点数数组　＿＿＿＿＿＿＿＿

（b）有 5 个元素的字符数组　＿＿＿＿＿＿＿＿

（c）有 7 行 8 列的二维整型数组　＿＿＿＿＿＿＿＿

（d）有 10 行 5 列的双精度浮点数的二维数组　＿＿＿＿＿＿＿＿

3. 下面程序代码的执行结果是＿＿＿＿＿＿。

```
int i, c1 = 0, c2 = 0 ;
int a[] = {6, 7, 3, 13, 11, 5, 1, 15, 9, 4} ;
for( i = 0;  i < 10;  i++ )
{
    if( i%2 == 0 )
        c1++ ;
    if( a[i]%2 == 0 )
        c2++ ;
  }
  printf( "c1=%d c2=%d\n", c1, c2 );
```

4. 以下程序的执行结果是＿＿＿＿＿＿。

```
#include "stdio.h"
void main( )
{
    char s[]={"1a3b5c7d"};
    int i;
    for(i=0; s[i]!='\0'; i++)
        if(s[i]>='0'&&s[i]<='9')
            printf("%c", s[i]);
}
```

5. 以下程序的执行结果是＿＿＿＿＿＿。

```
#include "stdio.h"
void main( )
{
    char s[]="aabbccddeeff";
    s[5]='\0';
    printf(“%s\n”, s);
}
```

6. 以下程序统计从终端输入的字符中各大写字母的个数。用#号作为输入结束标志，请填空。

```
# include "stdio.h"
# include "string.h"
void main( )
{
    int num[26], i;
    char c;
    for(i=0;  i<26;  i++)
        num[i]=0;
    while(________!='#')        /*从终端输入的字符，用#号作为结束标志*/
        if(________)            /*判断是否为大写字母*/
            num[c-65]+=1;
    for(i=0; i<26; i++)
        if(num[i])
            printf("%c: %d\n", 'A'+i, num[i]);
}
```

7. 使用双重 for 循环设置 9 乘 9 的二维整型数组的对角线元素为 1，非对角线元素为全 0。

```
#include <stdio.h>
void main( )
{
    int a[9][9];
    int i, j;
    for(i = 0;  i < 9;  i++)
    {
        for(j = 0;  j < 9;  j++)
        {
            if(________)
            {
                a[i][j] = 1;
            }
            else
            {
                a[i][j] = 0;
            }
            printf("%3d", a[i][j]);
        }
        printf("\n");
    }
```

8. 下面程序中的数组 a 包括 10 个整型元素，从 a 中第 2 个元素起，分别将后项减前项之差存入数组 b，并按每行 3 个元素输出数组 b。请填空。

```
#include "stdio.h"
void  main( )
{   int a[10], b[10], i;
    for(i=0; i<________;  i++)
      scanf("%d", &a[i]);
    for(i=1; i<________;  i++)
     b[i]=a[i]-a[i-1];
    for(i=1; i<10; i++)
    {   printf("%3d", b[i]);
        if(________)
          printf("\n");
    }
}
```

9. 设数组 a 包括 10 个整型元素，下面程序的功能是求出 a 中各相邻两个元素的和，并将这些和存在数组 b 中，按每行 3 个元素的形式输出。请填空。

```
# include "stdio.h"
void main( )
{
    int a[10], b[10], i;
    for(i=0;  i<10;  i++)
        scanf("%d", &a[i]);
    for(i=1;  i<10;  i++)
    ________;
    for(i=1;  i<10;  i++)
    {
        printf("%3d", b[i]);
```

```
        if(_________==0)
            printf("\n");
    }
}
```

三、编程题

1．从键盘上输入 10 个整数，求出其中的最大数和最小数。

2．编程将一个一维数组的值按逆序重新存放。

3．编程求一个 3*3 矩阵对角线元素之和。

4．在任意的字符串 a 中将与字符 c 相等的所有元素的下标值分别存放在整数数组 b 中。

5．求三个字符串中的最小的字符串。

6．在一个字符数组中查找一个指定的字符，若数组中含有该字符，则输出该字符在数组中第一次出现的位置（下标值），否则输出–1。

第 6 章　习题答案

第7章 函 数

课前导读

C语言是通过函数来实现模块化程序设计的。所以较大的C语言应用程序，往往是由多个函数组成的，每个函数分别对应各自的功能模块。学习本章内容时，应重点掌握函数的定义和使用方法，学会函数的调用以及参数的传递关系。要求从阅读程序开始，逐步掌握函数编程的思路，并仿照例题练习编写程序、上机调试，真正掌握结构化程序的设计。函数的递归调用是本章的难点。

学习目标

- 掌握函数的定义；
- 掌握函数的返回值与函数说明；
- 掌握函数的调用；
- 掌握函数实参和形参的传递关系；
- 了解函数的嵌套调用与递归调用；
- 区分全局变量和局部变量的概念；
- 了解变量的存储类别。

教学要求

本章的教学要求见表7-1。

表7-1 第7章的教学要求

知识要点	教学要求	能力要求
函数的定义与调用	掌握函数的定义； 掌握函数的返回值； 理解函数的说明； 掌握函数的调用； 掌握实参和形参的传递关系，包括单向传递和地址传递	使用自定义函数，建立从问题到算法再到程序的认知，描述计算机复杂工程问题的能力
函数的嵌套调用和递归调用	理解函数的嵌套调用； 了解函数的递归调用	学会使用递归的方法，编写某种特殊的复杂程序的能力
变量的作用域与存储类型	掌握局部变量和全局变量的区别； 掌握自动变量的定义； 掌握静态变量的定义； 了解寄存器变量的定义； 了解外部变量的定义	合理运用变量的存储类别

思维导图

本章的思维导图如图7-1所示。

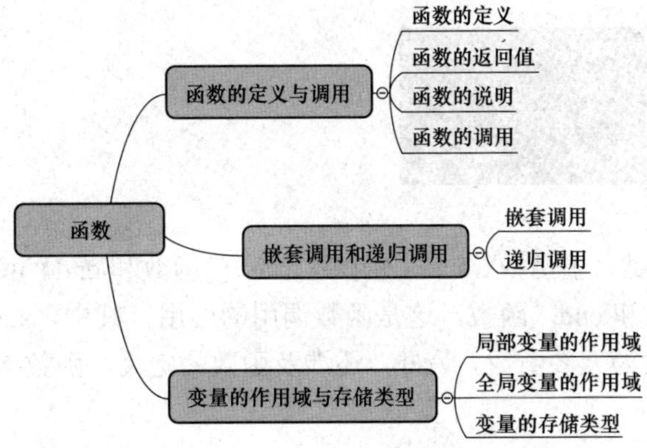

图 7-1　第 7 章思维导图

7.1　问题提出与程序示例

1. 问题描述

输出两个数的和的问题。此程序通过主函数键盘输入两个整数，通过调用函数，最后输出两个数的和。

2. 程序代码

```
源程序
#include <stdio.h>
void start( )                           /*程序开始*/
{
    printf(" The program begin!\n");
}
int sum(int x1, int x2)                 /*计算 x1 和 x2 之和，放到 s 中*/
{
    int s;
    s=x1+x2;
    return(s);                          /*返回两数之和*/
}
void end( )                             /*程序结束*/
{
    printf(" The program end!\n");
}
void main( )
{
    int x, y, z;
    start( );                           /*调用开始函数 start*/
    printf(" enter x y :  ");
    scanf("%d%d", &x, &y);
    z=sum(x, y);                        /*调用函数 sum*/
    printf(" The sum is %d\n", z);
    end( );                             /*调用结束函数 end*/
}
```

运行结果

```
The program begin!
enter x y : 10 20
The sum is 30
The program end!
```

3. 程序说明

本程序共有 4 个函数，主函数、sum ( )函数、start ( )函数和 end ( )函数。主函数分别调用 start( )函数，sum( )函数和 end( )函数，这是函数调用的应用，其中，sum( )函数为有参函数，start( )函数和 end( )函数为无参函数。另外，还涉及函数的定义、函数参数的传递和函数的返回值等问题。

7.2 函数的定义与调用

7.2.1 函数的定义

在 C 语言中有规定，函数要遵循“先定义、后使用”的原则，函数定义由两部分组成，函数首部和函数体。

函数的一般形式如下：

```
函数类型  函数名( [形式参数列表] )
{
        函数体
}
```

函数首部是由函数类型 、函数名和形式参数列表构成。函数类型定义了函数返回值的类型，如果函数没有返回值则函数类型为 void。函数名是任何合法的标识符。形式参数表包括一个或多个参数，称为有参函数；也可以没有参数，称为无参函数。有参函数每一个参数都需要有数据类型，每个参数说明之间用逗号分隔。函数体由一对花括号“{ }”括起来，由合法的 C 语言语句构成。

【例 7.1】求两个数中的小数。

```
源程序
#include "stdio.h"
void main( )
{   int min(int x, int y);          /*函数说明*/
    int a, b, c;
    printf("Please input a and b: ");
    scanf("%d%d", &a, &b);
    c=min(a, b);                    /*函数调用，其中 a 和 b 为实参*/
    printf("min=%d\n", c);
}
int min(int x, int y)               /*函数的定义，函数名为 min， x 和 y 为形参*/
{   int m;
    m=x<y?x: y;
    return m;                       /*函数的返回值*/
}
```

运行结果

```
Please input a and b: 10 20
min=10
```

注意：

- 函数类型可以省略，则系统默认为 int 型。
- 当函数被调用时，形参接收实参传过来的值。
- 可以定义空函数，即形式参数和函数体均为空。调用此函数时，不做任何工作，只是表明这里需要调用一个函数。
- 函数定义不能嵌套，即函数体内不能再定义函数。

7.2.2　函数的返回值

函数的返回值就是通过函数调用使主调函数得到的一个确定的值。函数的返回值通常由函数体中的 return 语句带回。

return 语句的一般形式：

```
   return(表达式);
或  return  表达式;
例如: return(x+y);
      return  x<y ? x :  y;
```

注意：

- return 语句可以出现多次，但是每次执行只能有一条 return 语句被执行。
- 没有返回值的函数，用 void 定义其函数值类型。否则，函数即使不用 return 语句返回值，函数仍将返回一个不确定的值。
- return 语句中表达式的类型应与函数类型一致，若不一致时，以函数类型为准。

7.2.3　函数的说明

所谓函数说明是指在函数被定义好之后，在调用之前对函数的类型及参数的类型进行的说明，又称为函数原型说明。

对函数进行说明能使 C 语言的编译程序在编译时进行有效的类型检查。当调用函数时，若实参的类型与形参的类型不能赋值兼容而进行非法转换时，C 编译程序将会发现错误并报错；当实参的个数与形参的个数不同时，编译程序也将报错。使用函数说明能及时通知程序员出错的位置，从而保证了程序能正确运行。

函数的说明其一般格式如下：

函数类型　函数名（数据类型［　参数名1］［，数据类型［　参数名2］…]）;

例如：［例 7.1］主函数中的“int min（int x，int y）;”语句，是函数说明。说明函数 min 的返回值类型为整型，有两个形式参数 x，y 都是整型。

C 语言同时又规定，以下两种情况，可以省去对被调用函数的说明。

（1）当被调用函数的函数定义出现在调用函数之前时。因为在调用之前，编译系统已经知道了被调用函数的函数类型、参数个数、类型和顺序。

（2）如果在所有函数定义之前，在函数外部预先对各个函数进行了说明，则在调用函数中可缺省对被调用函数的说明。

【例 7.2】用函数调用的方式计算三角形的面积。

```
源程序
#include "stdio.h"
#include "math.h"
float area(float a, float b, float c);       /*函数外部对函数说明*/
void main( )
{   float x, y, z, s;
    printf("请输入三角形三边的值: ");
    scanf("%f%f%f", &x, &y, &z);
    s=area(x, y, z);                         /*调用函数*/
    printf("三边为%5.2f, %5.2f, %5.2f的三角形面积等于%5.2f\n", x, y, z, s);
}
float area(float a, float b, float c)        /*函数定义*/
{
    float h, s;
    h=0.5*(a+b+c);
    s=(sqrt(h*(h-a)*(h-b)*(h-c)));
    return(s);
}
```

运行结果

```
请输入三角形三边的值: 12.5 11 22.4
三边为12.50,11.00,22.40的三角形面积等于39.70
```

7.2.4 函数的调用

C 程序中，除主函数 main( )外，任何一个函数都不能独立地在程序中存在，凡是要完成该函数功能的地方，都必须调用该函数来完成。

函数调用的一般形式如下：

函数名([实际参数表]);

其中，实参的个数、类型和顺序，应该与被调用函数所要求的参数个数、类型和顺序一致，才能正确地进行数据传递。实参可以是常量、变量、表达式、函数等，在进行函数调用时，它们都必须具有确定的值。对无参函数，实在参数表为空，但一对圆括号不能省略。

注意：

- 单向传递：当形参为普通的变量类型时，函数的实参和形参之间的数据传递是单方向的值传递方式。即只能将实参的值传递给形参，而不能将形参的值传递给实参。形参值的变化不影响实际参数。
- 地址传递：当形参为数组名或指针变量类型时，实参必须是变量的地址类型。此时函数参数之间的传递方式是地址传递。即将实参的地址值传递给形参，使形参和实参共用一个地址空间。

【例 7.3】单向值传递，注意程序运行结果。

```
源程序
#include <stdio.h>
void change(int x, int y)         /*函数定义，函数功能为交换两个数，形参为x、y*/
{
    int t;
    t=x; x=y; y=t;
}
void main( )
{
```

```
    int a, b;
    printf("\nplease enter data(a, b): ");
    scanf("%d%d", &a, &b);
    printf("交换前: a=%d, b=%d\n", a, b);
    change(a, b);               /*调用函数 change, a, b 为实参*/
    printf("交换后: a=%d, b=%d\n", a, b);
}
```

运行结果

```
please enter data(a,b):10 50
交换前: a=10,b=50
交换后: a=10,b=50
```

程序中变量的传递属于单向传递，即实参 a、b 的值传给形参为 x、y，而不能将形参的值传递给实参。形参值 x、y 的变化不影响实际参数 a、b 的值。

【例 7.4】 地址传递：数组名作为函数的形参和实参，求 10 个成绩的平均分。

源程序

```
#include<stdio.h>
float average(float a[])            /*自定义 average( )函数, 形参为数组名 a*/
{   float ave, sum=0;
    int i;
    for(i=0; i<10; i++)
        sum=sum+a[i];               /*求 10 个学生的总分*/
   ave=sum/10;                      /*总分除以 10, 得到平均分*/
   return ave;                      /*返回平均分*/
}
void main( )
{
    float stu[10], ave;
    int i;
    printf("请依次输入 10 个学生的成绩\n");
    for(i=0; i<10; i++)
        scanf("%f", &stu[i]);       /*输入 10 个学生的成绩*/
    ave=average(stu);               /*调用 average( )函数, 实参为数组名 stu*/
    printf("这 10 个学生的平均分为: %.2f\n", ave);
}
```

运行结果

```
请依次输入10个学生的成绩
89 87 68 90 86 85 89 88 82 94
这十个学生的平均分为: 85.80
```

用数组名作函数参数，应该在调用函数和被调用函数中分别定义数组，函数参数之间的传递方式是地址传递。如果用数组元素作函数实参，可把数组元素看作普通变量处理，这种参数传递方式就是单向的值传递。

7.3　函数的嵌套调用和递归调用

7.3.1　函数的嵌套调用

函数的嵌套调用是指，在一个被调用函数内部，又调用了其他的函数。其关系可表示如

图 7-2 所示。

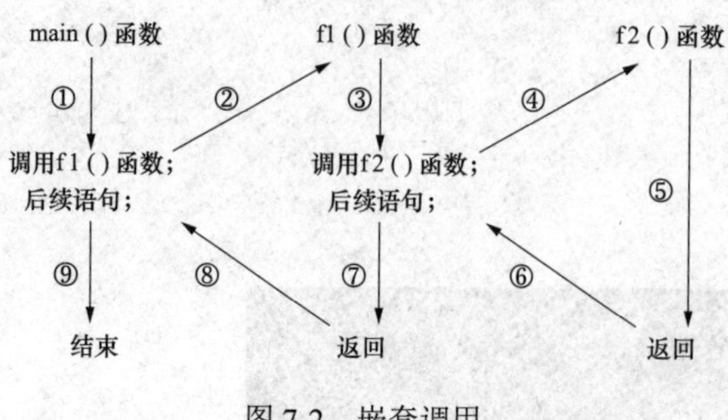

图 7-2　嵌套调用

图 7-2 是一个两层的嵌套调用（包括 main( )函数共 3 层函数）的例子，其执行过程如下。

①执行 main( )函数的开始部分。

②遇到调用 f1( )函数的语句，程序执行流程转到 f1( )函数去执行。

③执行 f1( )函数的开始部分。

④遇到调用 f2( )函数的语句，程序执行流程转到 f2( )函数去执行。

⑤执行 f2( )函数，没有其他嵌套的函数，则完成 f2( )函数的全部操作。

⑥返回调用 f2( )函数的位置，即返回到 f1( )函数的调用位置。

⑦继续执行 f1( )函数中尚未执行的部分，直到 f1( )函数结束。

⑧返回 main( )函数中调用 f1( )函数的位置。

⑨继续执行 main( )函数中的剩余部分直到整个程序执行结束。

其中的①～⑨表示了执行嵌套调用过程的顺序号，即从①开始经过二级嵌套，到⑨结束。

【例 7.5】 求 3 个数中最大数和最小数的差值。

```
源程序
#include <stdio.h>
int dif(int x, int y, int z);            /*函数说明*/
int max(int x, int y, int z);            /*函数说明*/
int min(int x, int y, int z);            /*函数说明*/
void main( )
{
    int a, b, c, d;
    printf("请输入 3 个整数: ");
    scanf("%d%d%d", &a, &b, &c);
    d=dif(a, b, c);
    /*主函数调用 dif 函数, dif 函数又调用 max 和 min 函数, 构成嵌套调用*/
    printf("Max-Min=%d\n", d);
}
int dif(int x, int y, int z)             /*求最大数和最小数的差值*/
{
    return max(x, y, z)-min(x, y, z);    /*调用 max 函数和 min 函数*/
}
int max(int x, int y, int z)             /*求 3 个数的最大值*/
{
    int r;
    r=x>y?x: y;                          /*利用条件运算符求两个数的大值*/
```

```
    return(r>z?r: z);               /*再次运用条件运算符，求出 3 个数的最大值*/
 }
int min(int x, int y, int z)        /*求 3 个数的最小值*/
{
    int r;
    r=x<y?x: y;
    return(r<z?r: z);
}
```

运行结果

```
请输入3个整数: 22 34 58
Max-Min=36
```

本程序共有 4 个函数，主函数、dif( )函数、max( )函数和 min( )函数。主函数调用 dif( )函数，dif( )函数分别调用 max( )函数和 min( )函数。

7.3.2　函数的递归调用

所谓函数的递归调用是指一个函数在它的函数体内，直接或间接地调用它自身，也称为直接递归和间接递归。递归调用的函数称为递归函数。函数的递归调用是函数嵌套调用的一种特殊形式。

【例 7.6】求年龄问题。有 5 个人，第 5 个人说他比第 4 个人大 2 岁，第 4 个人说他比第 3 个人大 2 岁，第 3 个人说他比第 2 个人大 2 岁，第 2 个人说他比第 1 个人大 2 岁，第 1 个人说他 10 岁。求第 5 个人多少岁。

根据对问题的分析，可以得出如下的递归公式：

$$\text{age(n)}=\begin{cases}10 & (n=1)\\ \text{age}(n-1)+2 & (n>1)\end{cases}\quad \text{递归公式}$$

源程序

```
#include<stdio.h>
int age(int n)
{
    int c;                        /*变量 c 为年龄*/
    if(n==1)                      /*递归结束条件*/
        c=10;
    else
        c=age(n-1)+2;             /*age( )函数本身又调用了 age( )函数，递归调用*/
    return c;
}
void main( )
{
    printf("age=%d", age(5));
}
```

运行结果

```
age=18
```

【例 7.7】用递归法计算 n!。

阶乘（n!）的递归定义如下：

$$n!=\begin{cases}1 & (n=0)\\ n*(n-1) & (n>0)\end{cases}$$

```
源程序
#include "stdio.h"
int fact(int n)                               /*定义fact( )函数，用于求n!*/
{
    int f;
    if(n>0)  f=fact(n-1)*n;                   /*递归调用函数fact( )*/
    else  f=1;
    return(f);
}
void main( )
{
    int n;
    printf("input number: ");
    scanf("%d", &n);
    printf("%d!=%d\n", n, fact(n));     /*调用函数fact( )*/
}
```

运行结果

```
input number:5
5!=120
```

程序执行过程如下：

```
5! = 5 * 4!                     5! = 5 * 4! = 5 * 24 = 120
   ↓递推①                           ↑回归⑤
4! = 4 * 3!                     4! = 4 * 3! = 4 * 6 = 24
   ↓递推②                           ↑回归④
3! = 3 * 2!                     3! = 3 * 2! =3 * 2 = 6
   ↓递推③                           ↑回归③
2! = 2 * 1!                     2! = 2 * 1! =2 * 1 = 2
   ↓递推④                           ↑回归②
1! = 1 * 0!                     1! = 1 * 1 = 1
          递推⑤                      回归①
                  0! = 1
                  (已知)
```

递归调用的过程可分为如下两个阶段。

（1）递推阶段：将原问题不断转化为新问题，逐渐从未知向已知的方向推测，最终达到已知的条件，即递归结束条件。

（2）回归阶段：从已知条件出发，按递推的逆过程，逐一求值回归，最后到递推的起始处，完成回归。

通过函数递归解决问题的方式：将初始问题转化为解决方法相同的新问题，而新问题的规模要比原始问题小。新问题又可以转化为规模更小的问题。这样处理问题直至最终归结到可以简单解决的问题——递归的终止条件。

递归调用会占用大量内存和消耗大量时间，使得执行效率低。但采用递归方法编写的程序简洁、可读性好。递归方法的优点使递归方法成为某些问题的最佳解决方法。

7.4　变量的作用域与存储类型

变量是程序的重要组成部分，每个变量都有自己的作用域和存储类型。变量的作用域是指变量在程序中的有效范围（空间），直接与定义变量的位置有关，根据定义位置的不同，变量又可分为局部变量和全局变量。生存期是指变量在内存中的存在时间，即占据内存时间的长短。变量按生存期可分为静态变量和动态变量。

7.4.1 局部变量的作用域

在一个函数内部或一个复合语句内定义的变量称为局部变量，它只在本函数范围或该复合语句内有效，即只有在本函数内或本复合语句内才能使用它们，离开该范围是不能使用这些变量的。

示例如下：

```
main( )           /* main( )函数*/
{  int a,b;
   ……                        变量a，b的作用域
}
fun1(double  z)   /* fun1( )函数 */
{   double x,y;
    int a;
    ……
    {  float  x;
       ……                    变量x的作用域      变量x，y，z，a的作用域
    }
    ……
}
fun2(int a, int b)    /* fun2( )函数 */
{  char x;
   ……                        变量a，b，x的作用域
}
```

注意：

- 形式参数是局部变量。例如 fun2( )函数的形参 a 和 b，只在 fun2( )函数中有效，其他函数不能使用。
- 复合语句中定义变量，只在本复合语句中有效。
- 不同作用域的变量可以同名，互不干扰。
- 对于作用域重合的同名变量，在内层小作用域内，小作用域内的同名变量暂时屏蔽外层大作用域的同名变量。

【例 7.8】 不同函数中同名变量的使用。

```
#include<stdio.h>
void main( )
{
    int a, b;              /*main 中定义局部变量 a, b*/
    void sub( );           /*函数说明*/
    a=3;
```

```
    b=4;
    printf("main: a=%d, b=%d\n", a, b);
    sub( );
    printf("main: a=%d, b=%d\n", a, b);
}
void sub( )
{
    int a, b;                /*sub( )函数中定义局部变量 a, b*/
    a=6;
    b=7;
    printf("sub:  a=%d, b=%d\n", a, b);
}
```

运行结果

```
main:a=3,b=4
sub: a=6,b=7
main:a=3,b=4
```

7.4.2 全局变量的作用域

不在函数内定义，而在函数之外定义的变量称为全局变量。全局变量可以被本文件中多个函数所共用。它的有效范围是从定义变量的位置开始到本源文件结束。

示例如下：

```
int a=2;            /* 定义全局变量 a */
float fun1(int x)     /* fun1( )函数 */
{  int y;
   ……
}
double b=3.4;       /* 定义全局变量 b */
char fun2(char  c)  /* fun2( )函数 */
{  int  a;
   ……
}
main( )     /* main( )函数 */
{  int m,n;
   ……
}
```

（图注：局部变量x，y的作用域；局部变量a，c的作用域；m，n作用域；全局变量b的作用域；全局变量a的作用域）

【例 7.9】分析下面程序的运行结果，注意全局变量和局部变量的作用域。

源程序

```
#include "stdio.h"
int n=12;                                   /* 定义全局变量 n */
fun1( )
{   printf("fun1  Public  n = %d \n", n);   /* 全局变量 n 有效 */
}
```

```
fun2( )
{   printf("fun2  Public  n = %d \n", n);   /* 全局变量n有效 */
{   int  n=1;                               /* 复合语句中定义局部变量n */
    printf("fun2  Local  n = %d \n", n);    /* 复合语句中局部变量n有效 */
    }
    n++;                                    /* 全局变量n有效 */
    printf("fun2  Public  n = %d \n", n);   /* 全局变量n有效 */
}
void main( )
{   int n=5;                                /* 定义局部变量n */
    printf("main  Public  n = %d \n", n);   /* 局部变量n有效 */
    fun1( );
    fun2( );
}
```

运行结果

```
main  Public  n = 5
fun1  Public  n = 12
fun2  Public  n = 12
fun2  Local  n = 1
fun2  Public  n = 13
```

7.4.3 变量的存储类型

C语言程序运行时占用的内存空间通常分为程序区、静态存储区和动态存储区三部分。

根据变量在程序运行期间是否需占用固定的存储单元，变量的存储类别可分为两类：

（1）动态存储类别：程序运行期间不需要长期占用内存单元。动态存储类别的变量有auto（自动）类型和register（寄存器）类型。动态存储类别的变量可存放在两个地方：动态存储区和寄存器。

（2）静态存储类别：静态存储类别的变量在编译时被分配空间，在整个程序运行期间一直占用固定的内存空间，程序运行结束才释放内存空间。可以用static、extern定义和声明静态存储类别的变量。静态存储类别的变量只能存放于静态存储区中。

变量共有4种存储类型，分别为auto（自动）类型、register（寄存器）类型、static（静态）类型、extern（外部）类型。

1. 自动变量

定义格式：[auto] 数据类型　变量表；

注意：

- 自动变量属于动态存储方式。在函数中定义的自动变量，只在该函数内有效；函数被调用时分配存储空间，调用结束就释放。
- 定义动态变量如果没有初始化，则其值是不确定的。

【例7.10】 分析下面程序的运行结果，注意自动变量的作用域及生存期。

```
源程序
#include "stdio.h"
void  fun(int x, int y)
{
    x++; y++;
    printf("fun: x = %d, y = %d \n", x, y);
```

```
}
void main( )
{
        int x=1, y=2;
        printf("(1)main: x = %d, y = %d\n", x, y);
        fun(x, y);
        printf("(2)main: x = %d, y = %d\n", x, y);
        fun(x, y);
        printf("(3)main: x = %d, y = %d\n", x, y);
}
```

运行结果

```
(1) main: x = 1, y = 2
fun: x = 2, y = 3
(2) main: x = 1, y = 2
fun: x = 2, y = 3
(3) main: x = 1, y = 2
```

从以上程序可以看出，函数 main( )和 fun( )函数中的变量 x、y 只在各自函数内部有效，fun( )函数被调用时分配存储空间，调用结束就释放。即调用结束后 fun( )函数中的 x 和 y 值不保存。

2. 静态变量

定义格式： static 数据类型 变量表；

注意：

- 在程序执行期间，静态变量始终存在，即使所在函数调用结束也不释放。
- 定义静态变量如果没有初始化，则自动赋以 0（整型和实型）或'\0'（字符型）；且每次调用它们所在的函数时，不再重新赋初值，只是保留上次调用结束时的值。

【例 7.11】分析下面程序的运行结果，注意静态变量和自动变量的变化。

```
源程序
#include "stdio.h"
void fun(int n);                    /* 函数说明 */
void main( )
{   fun(1);                         /* 第 1 次调用 fun( )函数 */
    fun(2);                         /* 第 2 次调用 fun( )函数 */
    fun(3);                         /* 第 3 次调用 fun( )函数 */
}
void  fun(int n)
{   static int x=0;                 /* 说明 x 为静态存储类 int 型变量 */
    int y=0;                        /* 说明 y 为自动存储类 int 型变量 */
    x++;
    y++;
    printf("(%d)x = %d, y = %d \n", n, x, y);
}
```

运行结果

```
(1) x = 1, y = 1
(2) x = 2, y = 1
(3) x = 3, y = 1
```

从运行结果可知，main( )中调用三次 fun( )函数，fun( )函数中自动型局部变量 y 的初值为0，静态局部变量x的初值为0，静态局部变量x每次调用时均保持上一次调用的结果，而局部变量y的值释放。

3. 寄存器变量

一般情况下，变量的值都是存储在内存中的。为提高执行效率，C语言允许将局部变量的值存放到寄存器中，这种变量就称为寄存器变量。

其定义格式为：

register　数据类型　变量表；

4. 外部变量

外部变量属于静态存储方式：

其定义格式为：

extern　数据类型　外部变量表；

【例7.12】分析下面程序的运行结果，注意外部变量的使用。

源程序

```
#include "stdio.h"
int  max(int x, int y)
{   int z;
    z=x>y?x: y;
    return z;
}
void  main( )
{   extern int a, b;          /* 对a, b进行外部说明 */
    printf("Max= %d\n", max(a, b));
}
int a=15, b=10;               /* 定义a, b为外部变量 */
```

运行结果

```
Max= 15
```

程序中可以看出外部变量为a和b，定义在程序末尾处，由于外部变量定义的位置在主函数之后，因此，在主函数中对a和b进行外部说明，这样，外部说明开始之后的语句才可以合法地使用外部变量a和b。

 **习题**

一、选择题

1. 在C语言中以下不正确的说法是（　　）。

A）实参可以是常量、变量或表达式

B）形参可以是常量、变量或表达式

C）实参可以为任意类型

D）形参应与其对应的实参类型一致

2. 在一个函数内部定义的变量是（　　）。

A）简单变量　　B）局部变量　　C）全局变量　　D）标准变量

3. 在C语言程序中，下列说法中（　　）是正确的。

A）函数的定义和调用都可以嵌套

B）函数的定义和调用都不可以嵌套

C）函数的定义可以嵌套，而调用不能嵌套

D）函数的定义不能嵌套，而调用可以嵌套

4. 在调用函数时，如果实参是简单变量，它与对应形参之间的数据传送方式是（　　）。

A）地址传送

B）单向值传送

C）由实参传给形参，再由形参返回实参

D）传递方式由用户指定

5. C语言中形参的默认存储类别是（　　）。

A）自动（auto）　　B）静态（static）

C）寄存器（register）　　D）外部（extern）

6. 定义一个具有返回值的函数，但没加类型说明，该函数的默认类型为（　　）。

A）int　　B）void　　C）float　　D）不确定

7. 当调用函数时，实参是一个数组名，则向函数传送的是（　　）。

A）数组的长度　　B）数组的首地址

C）数组每一个元素的地址　　D）数组每个元素中的值

8. 下述函数定义形式正确的是（　　）。

A）int f（int x；int y）　　B）int f（int x，y）

C）int f（int x，int y）　　D）int f（x，y：int）

9. 以下函数值的类型是（　　）。

```
fun( float x )
{   float y;
    y= 3*x-4;
    return y;
}
```

A）int　　B）不确定　　C）void　　D）float

10. 以下程序的输出结果是（　　）。

```
#include "stdio.h"
long fun(int n)
{
    if(n==1||n==2)
        return 2;
    else
        return( n+fun(n-1));
}
void main( )
{
    printf("\n%ld", fun(4));
}
```

A）7　　B）8　　C）9　　D）10

11. 下面程序的输出结果是（　　）。

```
#include "stdio.h"
void fun( )
```

```
{
    int a, b;
    a=100;
    b=200;
}
void main( )
{
    int a=10, b=20;
    fun( );
    printf("%d%d\n", a, b);
}
```

A）100200　　B）1020　　C）200100　　D）2010

12. 下面程序的输出结果是（　　）。

```
#include "stdio.h"
int x=2;
void inc( )
{
    static int x=1;
    x*=x+1;
    printf("%d  ", x);
}
void main( )
{
    int i;
    for(i=1; i<=x; i++)
        inc( );
}
```

A）3　3　　B）2　2　　C）2　6　　D）2　5

13. 有以下程序，运行后的输出结果是（　　）。

```
#include<stdio.h>
float fun(int x, int y)
{
    return(x+y);
}
void  main( )
{
    int a=2, b=5, c=8;
    printf("%3.0f\n", fun((int)fun(a+c, b), a-c));
}
```

A）编译出错　　B）9　　C）21　　D）9.0

14. 有以下程序，运行后的输出结果是（　　）。

```
#include<stdio.h>
int f( )
{
    static int i=0;
    int s=1;
    s+=i;
    i++;
    return s;
```

```
}
void main( )
{
    int i, a=0;
    for(i=0;  i<5;  i++)
        a+=f( );
    printf("%d\n", a);
}
```

A）20　　B）24　　C）25　　D）15

15. 以下程序的输出结果是（　　）。

```
int fun(int x)
{   int p;
    if(x==0||x==1)p=3;
    else p=x-fun(x-2);
    return p;  }
void main( )
{   printf("%d\n", fun(7));  }
```

A）7　　B）3　　C）2　　D）0

16. 以下程序的输出结果是（　　）。

```
fun(int a, int b, int c)
{
    c=a+b;
}
void main( )
{
    int c;
    fun(2, 3, c);
    printf("%d\n", c);
}
```

A）2　　B）3　　C）5　　D）无定值

17. 以下程序的输出结果是（　　）。

```
#include "stdio.h"
int f( int n)
{
    if(n==1)  return 1;
    else return f(n-1)+1;
}
void main( )
{   int i, j=0;
    for(i=1; i<3; i++)
      j+=f(i);
    printf("%d\n", j);
}
```

A）4　　B）3　　C）2　　D）1

18. 下面程序的输出结果是（　　）。

```
#include "stdio.h"
long fib( int n)
 {   if(n>2)
```

```
        return(fib(n-1)+fib(n-2));
    else
        return(2);
}
void main( )
 {  printf("%d\n", fib(3));}
```

A）2　　B）4　　C）6　　D）8

二、填空题

1. 以下程序的运行结果是____________。

```
#include "stdio.h"
int m=13;
int fun( int x, int y)
{
    int m=3;
    return(x*y-m);
}
void main( )
{
    int a=7, b=5;
    printf("%d\n", fun(a, b)/m);
}
```

2. 以下程序可计算10名学生1门课成绩的平均分，请填空。

```
#include "stdio.h"
float average(float a[10])
{
    int i;
    float aver, sum=0;
    for(i=0;  ________; i++)
        sum+=________;
    aver=sum/10;
    return(aver);
}
void main( )
{
    float score[10], aver;
    int i;
    for(i=0; i<10; i++)
        scanf("%f", &score[i]);
    aver=________;
    printf("\n average score is %5.2f\n", aver);
}
```

3. 以下程序的运行结果是____________。

```
int x=2;
#include "stdio.h"
func(int x)
{
    x=5;
}
void main( )
```

```
{
    func(x);
    printf("x=%d\n", x);
}
```

4. 以下程序的运行结果是____________。

```
#include "stdio.h"
func( int  b[ ])
{
   int  j;
   for(j=0; j<5; j++)
        b[j]=2*j;
}
void main( )
{
    int array[ ]={5, 6, 7, 8, 10}, i;
    func(array);
    for(i=0; i<5; i++)
        printf("%d  ", array[i]);
}
```

5. 阅读以下程序并填空，该程序是求阶乘的累加和，s=1!+2!+……＋n!。

```
long f( int n)
{
    int i;
    long s;
    s=_________;
    for( i=1;  i<=n;  i++)
        s=_________;
    return s;
 }
void main( )
{   long s;
    int k, n;
    scanf("%d", &n);
    s=0;
    for( k=1;  k<=n;  k++)
        s=s+_________;
    printf("%ld\n", s);
}
```

6. 以下程序的运行结果是____________。

```
#include "stdio.h"
int fun2(int a, int b)
{   int c;
    c=a*b%3;
    return c;
}
int fun1(int a, int b)
{   int c;
    a+=a;  b+=b;
    c=fun2(a, b);
    return c*c;
```

```
}
void main( )
{
    int x=11, y=19;
    printf("%d\n", fun1(x, y));
}
```

7. 以下函数用来求三个数中的最大值，请把该函数补充完整。

```
max(int a, int b, int c)
{
   int max ;
    max=a;
    if(max<b)   max=b;
    if ________   max=c;
    return ________ ;
}
```

8. 以下函数用以求 x 的 y 次方，请把该函数补充完整。

```
double fun(double x, int y)
{
    int i;
    double z=1.0;
    for(i=1; i ________ ; i++)z= ________ ;
    return  z;
}
```

9. 以下程序的运行结果是__________。

```
#include "stdio.h"
f(int a)
{   auto int b=0;   /*动态内部变量(自动变量)*/
    static int c=3;  /*静态内部变量*/
    b=b+1;
    c=c+1;
    return(a+b+c);
}
void main( )
{   int a=2, x;
    for(x=0; x<3; x++)
        printf("%d  ", f(a));
}
```

三、编程题

1. 已有变量定义和函数调用语句：int a=1，b=−5，c;　c=fun（a，b);　fun 函数的作用是计算两个数之差的绝对值，并将差值返回调用函数，请编写 fun 函数。

```
fun(iny x, int y)
{         }
```

2. 已有变量定义和函数调用语句：int x=57;　isprime（x)；函数；函数 isprime( )用来判断一个整数 a 是否为素数，若是素数，函数返回 1，否则返回 0。请编写 isprime( )函数。

第7章　习题答案

3. 写一函数，使输入的一个字符串按反序存放，在主函数中输入和输出字符串。

4. 写一函数，将两个字符串连接。

第8章 编译预处理

课前导读

编译预处理是指，在对源程序进行编译之前，先对源程序中的编译预处理命令进行处理，然后再将处理的结果，和源程序一起进行编译，以得到目标代码。学习本章内容时，应重点掌握无参宏定义与有参宏定义的使用，掌握文件包含的意义，了解条件编译的作用。本章的难点是条件编译。

学习目标

- 掌握无参的宏定义；
- 掌握有参的宏定义；
- 掌握文件包含的命令；
- 了解条件编译命令。

教学要求

本章教学要求见表8-1。

表8-1　　第8章教学要求

知识要点	教学要求	能力要求
宏定义	掌握无参定义的方法； 掌握有参宏定义的方法	利用宏定义，便于程序修改，有利于模块化程序的设计
文件包含	掌握文件包含命令	学会使用文件包含处理功能，实现文件的共享，培养复杂程序的编写能力
条件编译	了解#ifdef命令； 了解#ifndef命令； 了解#if命令	了解条件编译的应用场景，掌握条件编译的用法

思维导图

本章思维导图如图8-1所示。

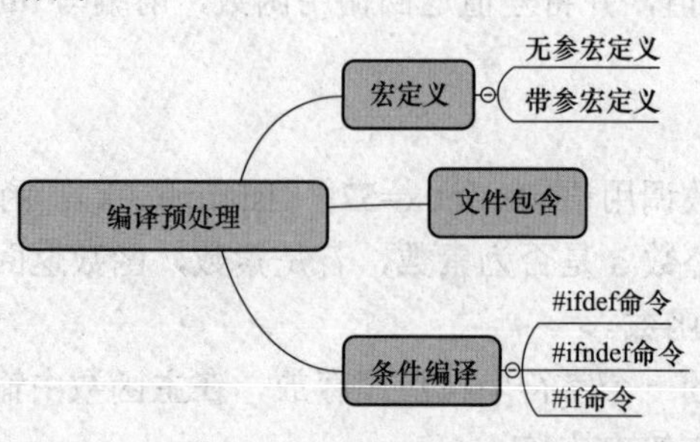

图8-1　第8章思维导图

8.1 问题提出与程序示例

1. 问题描述

输入圆的半径，求圆的周长、面积和球面积的问题。假设圆的半径为实数，利用圆的周长、圆的面积和球的体积公式，分别进行计算，并输出计算的结果。

2. 程序代码

```
源程序
#define PI 3.1415926    /*无参宏定义，PI是宏名，3.1415926用来替换宏名常量*/
#include "stdio.h"                                  /*文件包含*/
void main( )
{
    float radius, length, area, volume;
    printf("Input a radius: ");
    scanf("%f", &radius);
    length=2*PI*radius;                             /*引用无参宏求周长*/
    area=PI*radius*radius;                          /*引用无参宏求面积*/
    volume=PI*radius*radius*radius*3/4;             /*引用无参宏求体积*/
    printf("length=%.2f, area=%.2f, volume=%.2f\n", length, area, volume);
}
```

运行结果

```
Input a radius:12.5
length=78.54,area=490.87,volume=4601.94
```

3. 程序说明

从程序中可以看出#include "stdio.h"为文件包含命令，#define PI 3.1415926 为无参的宏定义，它们都是以符号“#”开始的，都属于编译预处理命令。

8.2 宏 定 义

将一个标识符定义成一串符号的预处理称为“宏定义”，这个标识符称为宏名。在进行编译预处理时，对程序中所有出现的宏名，都用后面的字符串替换。宏定义分为两种：不带参数的宏（简称无参宏）和带参数的宏（简称有参宏）。

8.2.1 无参宏定义

无参宏定义的一般格式如下：

```
#define  标识符  字符串
```

其中：“#”表示一条预处理命令，凡是“#”开头的都是预处理命令。“define”为宏定义命令；“标识符”为所定义的宏名；“字符串”可以是任意合法常数和表达式，也可以为空。

注意：

- 宏名一般用大写字母表示，以示与变量区别开，但这并非是规定。
- 宏定义不是C语句，不能在行尾加分号，如果加了分号，系统会自动将分号作为表达式的一部分，连同分号一起进行替换。

【例 8.1】从键盘输入 10 个字符，统计其中大写英文字母的个数。

```
源程序
#include "stdio.h"                  /*文件包含*/
#define  NUM 10                     /*无参宏定义，宏名为 NUM */
void main( )
{   int i, count=0;
    char c;
    for(i=0; i<NUM; i++)
    {   c=getchar( );
        if(c>='A' && c<='Z')
        count++;
    }
    printf("Count=%d\n", count);
}
```

运行结果

```
AabbccDDeF
Count=4
```

8.2.2 带参宏定义

带参宏定义的一般格式如下：

```
#define   宏名(形参表)  字符串
```

形参表中的不同形参之间用逗号隔开，字符串中包含形参表中的参数。在调用带参数的宏名时，注意实参和形参一定要一一对应，个数相同，顺序一致。

【例 8.2】输入 3 个实数，求其中最大的实数和最大实数的平方。

```
源程序
#include"stdio.h"
#define MAX(a, b)((a)>=(b)?(a):(b)) /*定义有参宏，求两个数的最大数*/
#define SQR(a)((a)*(a))             /*定义有参宏，求一个数的平方*/
void  main( )
{   int i;
    float x[3], max, sq_max;
    printf("\nPlease input three real numbers: ");
    for(i=0; i<3; i++)
        scanf("%f", &x[i]);
    max=MAX(x[0], x[1]);            /*宏展开，求出 x[0]和 x[1]中较大的数*/
    max=MAX(x[2], max);             /*宏展开，求出 x[2]和 max 中最大的数*/
    sq_max=SQR(max);                /*宏展开，求出 max 的平方*/
    printf("\nMax=%.2f\nSqr_max=%.2f\n", max, sq_max);
}
```

运行结果

```
Please input three real numbers:10 20 30

Max=30.00
Sqr_max=900.00
```

在使用带参数的宏定义时，对宏定义字符串中的参数都要用括号括起来，整个字符串部分也应该用括号括起来，这样，才能够保证在任何替代情况下，总是把宏定义作为一个整体来看待，并能获得一个合理的计算顺序，否则，经过宏展开后，有可能出现意想不到的错误。

例如，下面的宏定义是用于求平方值的：

```
#define  SQR(A)  A*A
```

如果在程序中有下面的赋值语句：

```
z=SQR(x+1)*2;
```

经过预处理程序的宏展开后，将变为如下的形式：

```
z=x+1*x+1*2;
```

显然，此语句的计算顺序及结果与所期望的不相符。应将 SQR 宏定义改成如下的形式：

```
#define  SQR(A)  ((A)*(A))
```

8.3 文 件 包 含

文件包含是将另外一个源文件的内容包含到当前文件中来。C 语言提供了文件包含命令#include 实现文件包含。

文件包含一般形式如下：

#include “文件名” 或 #include <文件名>

功能：用相应文件中的全部内容来替换该预处理语句。

例如，假如 file1.c 文件中的内容为：

```
int i1, i2, i3;
float f1, f2, f3;
char c1, c2, c3;
```

file2.c 文件中的内容为：

```
#include  "file1.c"
void main( )
{
    …
}
```

则在对 file2.c 文件进行编译处理时，在编译预处理阶段将对其中的#include 命令进行“文件包括”处理：将 file1.c 文件中的全部内容，插入到 file2.c 文件中的#include "file1.c"预处理命令处，也就是将 file1.c 文件中的内容包含到 file2.c 文件中。经过编译预处理后，file2.c 文件中的内容为：

```
int i1, i2, i3;
float f1, f2, f3;
char c1, c2, c3;
void  main( )
{
    …
}
```

上述经过编译预处理后的 file2.c 文件中的内容才最终进入真正的编译阶段。

注意：

- 在使用#include 命令时，如果使用双引号：系统首先到当前目录下查找被包含文件，如果没找到，再按系统指定的标准方式检索其他目录。
- 使用尖括号：则编译预处理程序只按系统指定的标准方式来检索文件目录。

8.4 条件编译

一般情况下，源程序中的所有行都参加编译，但特殊情况下可能需要根据不同的条件编译源程序中的不同部分，也就是说对源程序的一部分内容给定一定的编译条件。这种方式称作“条件编译”。条件编译命令主要包括以下几种形式：

格式一：

```
#ifdef  标识符
    程序段 1
#else
    程序段 2
#endif
```

功能：如果指定的标识符已被#define 定义过，则只编译程序段 1，否则编译程序段 2。其中#else 部分可以省略，即：

```
#ifdef  标识符
    程序段
#endif
```

功能：如果标识符已经定义过，则程序段参加编译，否则，程序段不参加编译。

格式二：

```
#ifndef  标识符
    程序段 1
#else
    程序段 2
#endif
```

功能：当标识符没有定义时，编译程序段 1，否则，编译程序段 2。其中#else 部分可以省略，即：

```
#ifndef  标识符
    程序段
#endif
```

功能：当标识符没有定义时，程序段参加编译；否则，程序段不参加编译。

格式三：

```
#if    表达式
    程序段 1
#else
    程序段 2
#endif
```

功能：当表达式为“真”时，程序段 1 参加编译；否则，程序段 2 参加编译。其中的#else

部分可以省略，即：

```
#if  表达式
   程序段
#endif
```

功能：当表达式为“真”时，程序段参加编译；否则，程序段不参加编译。

【例 8.3】ifdef 的应用。

```
源程序
#include<stdio.h>
#define NULL 0            /*当标识符有定义时*/
void main( )
{
    #ifdef  NULL
        printf("NULL=%d\n", NULL);
    #else
        printf("NULL 未定义！\n");
    #endif
}
```

运行结果

```
NULL=0
```

【例 8.4】#ifndef 的应用。

```
源程序
#include<stdio.h>
#define ABCD                /*当标识符有定义时*/
void main( )
{
    #ifndef  ABCD
        printf("ABCD\n");
    #else
        printf("!ABCD\n");
    #endif
}
```

运行结果

```
!ABCD
```

【例 8.5】利用#if，求 10 个数中的最大值。

```
源程序
#include  "stdio.h"
#define  FLAG  1
void main( )
{
    int i, max;
    int array[10];
  printf("Please ten numbers: \n");
    for(i=0; i<10; i++)
        scanf("%d", &array[i]);
    max=array[0];
```

```
    for(i=1; i<10; i++)
    {
        #if  FLAG                           /*当表达式为“真”时*/
            if(array[i]>max)
                max=array[i];
        #endif
    }
    if(FLAG)
        printf("max=%d\n", max);
}
```

运行结果

```
Please ten numbers:
11 12 13 14 25 55 56 78 9 2
max=78
```

习题

一、选择题

1. 以下不是 C 语言所提供的预处理命令是（　　）。

A）宏定义　　B）文件包含

C）条件编译　　D）字符预处理

2. 下列正确的预编译命令是（　　）。

A）define PI 3.14159

B）#define P（a，b）strcpy（a，b）

C）#define stdio.h

D）#define PI 3.14159

3. 设有以下宏定义，则执行语句“z=2*（N+Y（5–1））;”后，z 的值为（　　）。

```
#define N 3
#define Y(n)((N+1)*n)
```

A）出错　　B）44　　C）38　　D）54

4. 下面程序的输出结果是（　　）。

```
#include<stdio.h>
#define MA(x)x*(x-1)
void main( )
{
    int a=1, b=2;
    printf(“%d\n”, MA(1+a+b));
}
```

A）6　　B）8　　C）10　　D）12

5. 下面程序的输出结果是（　　）。

```
#include<stdio.h>
#define f(x)x*x
void main( )
{
    int i;
    i=f(4+4)/f(2+2);
```

```
    printf(“%d”, i);
}
```

A）28　　B）22　　C）16　　D）4

6．以下程序的输出结果是（　　）。

```
#include<stdio.h>
#define M(x, y, z)x*y+z
void main( )
{
    int a=1, b=2, c=3;
    printf(” %d\n”, M(a+b, b+c, c+a));
}
```

A）19　　B）17　　C）15　　D）12

二、填空题

1．下面程序的运行结果是____________。

```
#include<stdio.h>
#define A 3
#define B(a)((A+1)*a)
void main( )
    {
        int x;
        x=3*(A+B(7));
        printf(“x=%d\n”, x);
    }
```

2．下面程序的运行结果是____________。

```
#include<stdio.h>
#define MCRA(m)  2*m
#define MCRB(n, m)2*MCRA(n)+m
void main( )
{
  int i=2, j=3;
  printf("%d\n", MCRB(j, MCRA(i)));
}
```

3．下面程序的运行结果是____________。

```
#include<stdio.h>
#define POWER(x)(x)*(x)
void main( )
{
  int i=1;
  while(i<=4)
  {printf("%d  ", POWER(i)); i++; }
  printf("\n");
}
```

4．下面程序的运行结果是____________。

```
#include “stdio.h”
#define ADD(x)  x+x
void main( )
{
    int m=1, n=2, k=3;
```

```
    int sum=ADD(m+n)*k;
    printf("sum=%d", sum);
}
```

三、编程题

1. 三角形的面积为：area=$\sqrt{s(s-a)(s-b)(s-c)}$，其中 s=$\frac{1}{2}$（a+b+c），a、b、c 为三角形的三边。定义两个带参的宏，一个用来求 s，另一个用来求 area。写程序，在程序中用带实参的宏名来求面积 area。

2. 给年份 year 定义一个宏，以判断该年份是否闰年。

第 8 章　习题答案

第9章 指　　针

课前导读

指针是C语言中广泛使用的一种数据类型，也是C语言的一个重要特色。因为有了指针，可以编写更简洁、紧凑、高效的、功能更强的程序。利用指针变量可以有效地表示各种复杂的数据结构；能很方便地使用和处理数组和字符串；能动态分配内存；能像汇编语言一样直接处理内存地址，从而编出精练而高效的程序。由于指针是C语言中最为困难的部分，学习本章除了要正确理解指针和指针变量的概念外，还必须要多思考、多比较、多编程，多上机调试，掌握指针在数组及函数中的应用，掌握通过字符型指针变量对字符串的引用方法，本章难点是指针在二维数组中的应用。

学习目标

- 掌握指针与指针变量的定义；
- 掌握指针与一维数组的关系；
- 了解指针与二维数组的关系；
- 掌握指针与字符串的关系；
- 了解指针与函数的关系；
- 了解指针数组和二级指针的定义；
- 学会指针的应用。

教学要求

本章的教学要求见表9-1。

表9-1　　第9章教学要求

知识要点	教学要求	能力要求
指针变量	掌握指针的定义； 掌握指针变量的定义； 掌握指针运算符&和*的使用方法； 学会指针变量的使用	学会指针变量的定义、赋值、运算
指针和数组、指针和字符串	理解指针和一维数组的关系； 掌握利用指针访问一维数组； 了解指针和二维数组的关系； 了解行地址和列地址的区别； 理解指针和字符串的关系	正确引用数组元素，灵活地处理字符串
指针与函数	了解指针作为函数的返回值的含义； 了解指向函数的指针变量的定义； 了解指向函数的指针变量的应用	正确理解和传递函数参数的地址，掌握返回指针值的函数设计

续表

知识要点	教学要求	能力要求
指针数组与指向指针的指针变量	了解指针数组的定义； 了解指针数组和行指针的区别； 了解指向指针的指针变量的定义，即二级指针的概念	明确二级指针的应用

思维导图

本章的思维导图如图 9-1 所示。

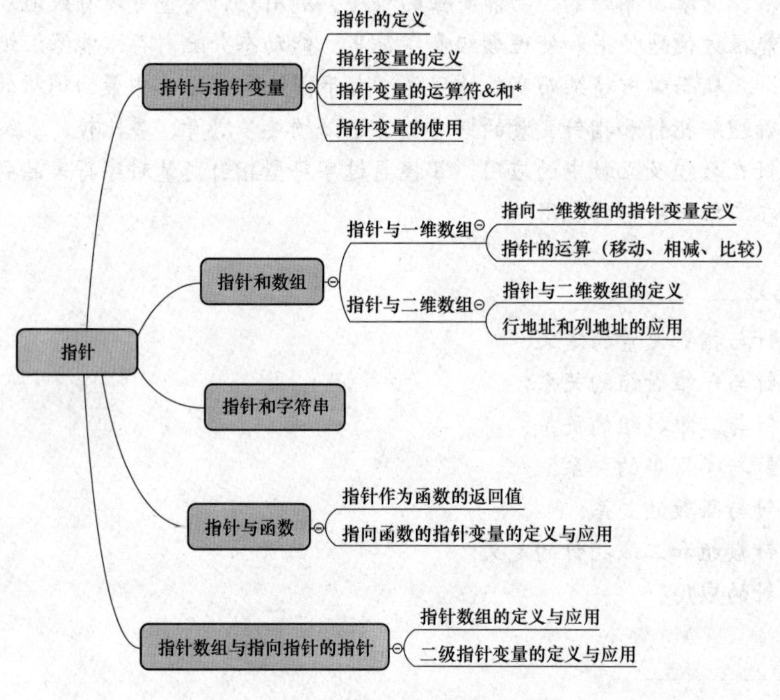

图 9-1　第 9 章思维导图

9.1　问题提出与程序示例

1. 问题描述

寻找保险箱密码的问题。某保险箱密码存放在变量 key 中，指针变量 address 用于存放变量 key 的地址。这样既可以通过变量名 key 直接得到密码值，也可以在不知道变量名的情况下，通过指针变量 address 所存放的 key 的地址间接找到密码值。

2. 程序代码

```
源程序
#include "stdio.h"
#include "stdio.h"
void main( )
{
```

```
    int key=123;                             /*变量 key 存放密码*/
    int *address;                            /*变量 address 存放地址*/
    address=&key;                            /*变量 key 的地址存放在变量 address 中*/
    printf("The key is: %d\n", key);         /*通过变量 key 输出密码值*/
    printf("By address, the key is : %d\n", *address);
                                             /*通过地址输出密码值*/
}
```

运行结果

```
The key is:123
By address,the key is : 123
```

3. 程序说明

程序中变量 address 为指针变量，用于存放变量 key 的地址，通过&key 实现。对变量 key 可以直接访问，也可以通过指针变量 address 所存放的 key 的地址间接找到，即 key 和*address 是等价的。

9.2 指针与指针变量

9.2.1 指针的定义

指针就是地址，是计算机内存单元的地址。

计算机的内存是以字节为单位的一片连续的存储空间，每一个字节都有一个编号，这个编号就称为内存地址。就像旅馆的每个房间都有一个房间号一样，如果没有房间号，旅馆的工作人员就无法进行管理；同理，内存字节若没有编号，系统就无法对内存进行管理。

内存单元的指针和内存单元的内容是两个不同的概念。对于一个内存单元来说，内存单元的地址即为指针，其中存放的数据才是该内存单元的内容。可以比喻为：指针相当于住宅的门牌号码，而内容相当于住宅里的住户。

例如：

```
short int num=25;
```

系统为变量 num 分配 2 个字节，假设分配内存地址为 2000H 和 2001H，则起始地址 2000H 就是变量 num 在内存中的地址，内存单元中存储的数据为 25。

变量在内存中存储示意图如图 9-2 所示。

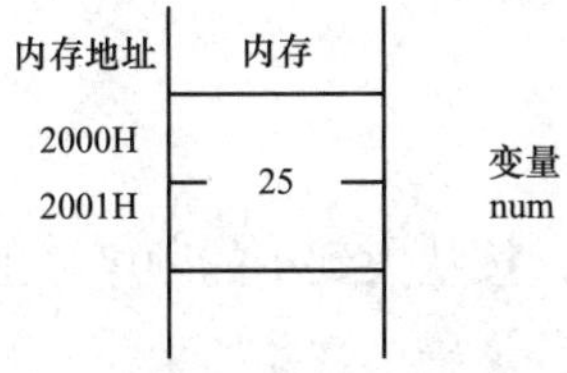

图 9-2 变量在内存中存储示意图

9.2.2 指针变量的定义

在C语言中，允许用一个变量来存放指针，这种变量称为指针变量。因此，一个指针变量的值就是某个内存单元的地址或称为某内存单元的指针。

指针变量定义如下：

数据类型　*指针变量 1 [，　*指针变量 2…]；

例如：

```
float  *p1;            /*p1 为指向实型变量的指针变量*/
char  *p2;             /*p2 为指向字符型变量的指针变量*/
int  *p3;              /*p3 为指向整型变量的指针变量*/
```

C 语言中提供了两个与指针有关的运算符：&和*。

（1）“&”是取地址运算符，单目运算符，其功能是获取变量的地址，其运算对象要求是一个变量。

例如：

```
int a, *pa;
pa=&a;                 /*变量 a 的地址存放 pa 中，即指针变量 pa 指向变量 a*/
```

（2）“*”是间接访问运算符（又称指针运算符），单目运算符，其功能是取指定地址中存放的内容（即指针变量所指变量的值），其运算对象要求是一个指针变量。

例如：

```
int a=5, *p=&a;      /* 取变量 a 的地址赋给指针变量 p*/
printf("%d", *p);    /* 输出指针变量 p 所指变量 a 的值*/
```

9.2.3　指针变量的使用

【例 9.1】输出两个整数的值。

```
源程序
#include "stdio.h"
void main( )
{   int a, b;
    int *p1, *p2;                               /*定义 p1, p2 为两个指针变量*/
    a=20;
    b=30;
    p1=&a;                                      /*将变量 a 的地址赋给指针变量 p1 */
    p2=&b;                                      /*将变量 b 的地址赋给指针变量 p2 */
    printf("a=%d, b=%d\n", a, b);               /* 输出 a, b 的值*/
    printf("*p1=%d, *p2=%d\n", *p1, *p2);  /*输出 p1, p2 指向的内存单元的值*/
}
```

运行结果

```
a=20,b=30
*p1=20,*p2=30
```

【例 9.2】输入 a 和 b 两个整数，按从大到小的顺序输出 a 和 b 的值。

```
源程序
#include <stdio.h>
void main( )
{   int  a, b, *p1=&a, *p2=&b, *p;
    printf("Please input two numbers: \n");
    scanf("%d, %d", p1, p2);                    /* 读入变量 a、b 的值 */
    if(a<b)
```

```
    { p=p1;  p1=p2;  p2=p;  }
                                    /* 交换p1和p2的值，让p1指向b，p2指向a*/
    printf("a=%d, b=%d\n", a, b);
    printf("Max=%d, Min=%d\n", *p1, *p2);
}
```

运行结果

```
Please input two numbers:
10,20
a=10,b=20
Max=20, Min=10
```

当a<b时，a和b的值实际上并未交换，它们仍保持原值，但p1和p2的值交换了。原来p1的值为&a，p2的值为&b，交换后p1的值变成&b，p2的值变成&a。这样在输出*p1和*p2时，实际上是输出变量b和a的值。

【例9.3】使用指针变量作为函数参数，改写［例9.2］。

源程序

```
#include <stdio.h>
void swap( int *pa, int *pb)          /*形参为指针变量*/
{   int p;
    p=*pa;  *pa=*pb;  *pb=p;  }       /*交换2个形参指针变量所指的变量的值*/
void main( )
{   int a, b;
    int *p1, *p2;
    printf("Please input two numbers: \n");
    scanf("%d, %d", &a, &b);
    p1=&a;
    p2=&b;
    if(a<b)  swap(p1, p2);            /*指针变量作实参*/
    printf("max=%d, min=%d\n", a, b);
}
```

运行结果

```
Please input two numbers:
30,50
max=50,min=30
```

调用函数时，将实参变量p1和p2的值（地址）传给形参变量pa和pb中。接着执行swap函数的函数体，交换形参变量pa和pb所指的变量的值，即相当交换a，b两个变量的值。

9.3 指针和数组

一个变量有地址。一个数组包含若干元素，每个数组元素都在内存中占用存储单元，它们都有相应的地址。指针变量既然可以指向变量，当然也可以指向数组或数组元素。所谓数组的指针是指数组的起始地址，数组元素的指针是数组元素的地址。

9.3.1 指针与一维数组

1. 指向一维数组的指针变量

C语言规定数组名代表数组的首地址，数组元素的地址可以通过数组名加偏移量来取得。

若定义一个指针变量，使它指向一个一维数组，则该指针变量称为指向一维数组的指针变量。

例如：

```
int  a[10], *p=a;
等价于 int  a[10], *p=&a[0];
等价于 int  a[10], *p;
    p=a;
```

其中，指针变量 p 存放数组 a 的首地址，如果想要引用一个数组元素，可以用下标法和指针法表示。

（1）下标法：如 a［i］或 p［i］;

（2）指针法：如*（a+i）或*（p+i）。

若 p 的初值为 a 或&a［0］，则 a+i 和 p+i 是数组元素 a［i］的地址，*（a+i）和*（p+i）是 a+i 和 p+i 指针所指向的数组元素。

因此，要表示数组 a 中下标为 i 的数组元素有 4 种方法：

a［i］ ↔ p［i］ ↔*（p+i） ↔ *（a+i）

指针与一维数组的关系如图 9-3 所示。

地址	数组a[10]	数组元素		地址	数组a[10]	数组元素	
a	a[0]	a[0]	*a	p	a[0]	*p	p[0]
a+1	a[1]	a[1]	*(a+1)	p+1	a[1]	*(p+1)	p[1]
a+2	a[2]	a[2]	*(a+2)	p+2	a[2]	*(p+2)	p[2]
a+3	a[3]	a[3]	*(a+3)	p+3	a[3]	*(p+3)	p[3]
a+4	a[4]	a[4]	*(a+4)	p+4	a[4]	*(p+4)	p[4]
a+5	a[5]	a[5]	*(a+5)	p+5	a[5]	*(p+5)	p[5]
a+6	a[6]	a[6]	*(a+6)	p+6	a[6]	*(p+6)	p[6]
a+7	a[7]	a[7]	*(a+7)	p+7	a[7]	*(p+7)	p[7]
a+8	a[8]	a[8]	*(a+8)	p+8	a[8]	*(p+8)	p[8]
a+9	a[9]	a[9]	*(a+9)	p+9	a[9]	*(p+9)	p[9]
		下标法	指针法			指针法	下标法

图 9-3　指针与一维数组的关系

【例 9.4】分别用下标法和指针法输出数组元素。

```
源程序
#include "stdio.h"
void main( )
{
    int a[10], *p=a, i;          /*定义一维数组和指向一维数组的指针变量p*/
    printf("Input 10 numbers:  ");
    for(i=0;  i<10;  i++)
        scanf("%d", p+i);        /*使用指针变量来输入数组元素的值*/
    printf("array[10]: \n ");
    for(i=0;  i<10;  i++)        /*分别用下标法、指针法输出数组元素*/
        printf("\t%d\t%d\t%d\t%d\n", a[i], p[i], *(a+i), *(p+i));
}
```

运行结果

```
Input 10 numbers: 1 2 3 4 5 6 7 8 9 10
array[10]:
        1       1       1       1
        2       2       2       2
        3       3       3       3
        4       4       4       4
        5       5       5       5
        6       6       6       6
        7       7       7       7
        8       8       8       8
        9       9       9       9
        10      10      10      10
```

注意：

- 数组名与指向数组的指针变量的区别，指针变量的值可以改变，而数组名是数组首地址，它的值在程序运行期间是固定不变的。

【例 9.5】通过指针变量来访问数组元素，求 10 个学生的平均成绩。

```
源程序
#include "stdio.h"
void main( )
{   float a[10], *p, sum=0, ave;
    printf("请输入 10 个学生成绩: ");
    for(p=a; p<a+10; p++)
        scanf("%f", p);
    for(p=a; p<a+10; p++)
         sum+=*p;
    ave=sum/10;
    printf("平均成绩=%.2f\n", ave);
}
```

运行结果

```
请输入10个学生成绩: 76 75 87 85 90 56 78 88 99 70
平均成绩=80.40
```

2. 指针的运算

（1）指针变量的移动。指针变量可以加上或减去一个整数 n，即实现了指针的移动。例如：p+n p−n p++ p−− ++p −−p 等，都是合法的。进行加法运算时，表示 p 向地址增大的方向移动；进行减法运算时，表示 p 向地址减小的方向移动。

【例 9.6】指针的移动。

```
源程序
#include "stdio.h"
void  main( )
{  int a[]={0, 1, 2, 3, 4, 5}, *p=a;
                               /*p 中存放数组 a 的首地址, 即 a[0]的地址*/
   printf("%d\n", *p);         /*输出 a[0]的值 */
   p+=2;                       /*p 向后移动 2, 即存放 a[2]的地址 */
   printf("%d\n", *p);         /*输出 a[2]的值*/
   p++;                        /*p 再向后移动 1, 即存放 a[3]的地址 */
   printf("%d\n", *p);         /* 输出 a[3]的值 */
   p+=2;                       /*p 向后移动 2, 即存放 a[5]的地址 */
```

```
    printf("%d\n", *p);            /* 输出 a[5]的值 */
    p--;                           /*p 向前移动 1，即存放 a[4]的地址 */
    printf("%d\n", *p);            /* 输出 a[4]的值 */
}
```

运行结果

```
0
2
3
5
4
```

（2）指针变量相减。在一定条件下，两个指针可以相减。如果指向同一个数组的两个不同元素的指针相减，结果为两个指针变量间的元素个数。

【例 9.7】指针的相减。

```
源程序
#include <stdio.h>
void main( )
{   int a[]={4, 5, 6, 7, 8, 9};
    int *p=a, *q;                  /* a 数组的起始地址赋给指针变量 p */
    printf("*p=%d\n", *p);         /* 输出 a[0]的值*/
    q=p+5;                         /* 指针变量 q 中存放 a[5]的地址*/
    printf("*q=%d\n", *q);         /* 输出 a[5]的值 */
    printf("q-p=%d\n", q-p);       /*指针变量相减，结果为两个指针变量间元素个数 */
}
```

运行结果

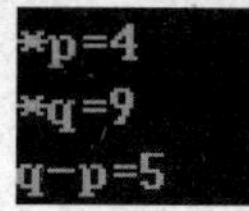

（3）指针变量比较。在一定条件下，两个指针可以进行比较运算，即可进行大于、小于、大于等于、小于等于、等于和不等于的运算。例如，对于指向同一数据类型的两个指针变量 p1 和 p2：

如果 p1==p2，说明两个指针变量指向同一地址；

如果 p1>p2，说明 p1 指向比 p2 地址高的元素；

如果 p1<p2，说明 p1 指向比 p2 地址低的元素。

【例 9.8】利用指针的比较，将字符串逆序输出。

```
源程序
#include "stdio.h"
void main( )
{   char s[ ]= "abcde";
    char *p;
    for(p=s+4; p>=s; p--)          /*p 的初值为 s+4，即存放 s[4]的地址*/
      printf("%c", *p);            /*输出 p 所指的内容*/
  printf("\n");
}
```

运行结果

```
edcba
```

9.3.2 指针与二维数组

指针变量可以指向一维数组，当然也可以指向二维数组。

若定义一个二维数组，其形式如下：

```
int a[3][4]={{1, 2, 3, 4}, {5, 6, 7, 8}, {9, 10, 11, 12}};
```

a 是二维数组数组名。将 a 数组看成由 3 个一维数组组成。3 个一维数组名分别为 a［0］，a［1］，a［2］，每一个一维数组又包含 4 个元素，例如：a［0］代表的一维数组又包含元素 a［0］［0］，a［0］［1］，a［0］［2］，a［0］［3］。

对于二维数组 int　a［3］［4］，分析如下：

（1）a 表示二维数组的首地址，即第 0 行的首地址。

（2）a+i 表示第 i 行的首地址。

（3）a［i］等价于*（a+i）表示第 i 行第 0 列的元素地址。

（4）a［i］+j 等价于*（a+i）+j 表示第 i 行第 j 列的元素地址。

通常把指向行的地址，称为行指针，把指向数组元素的地址，称为列指针。

列指针的定义和之前学过的指针变量定义方法相同，行指针变量的定义格式如下：

数据类型　(*指针变量)[长度];

二维数组中的行地址、列地址表示如图 9-4 所示。

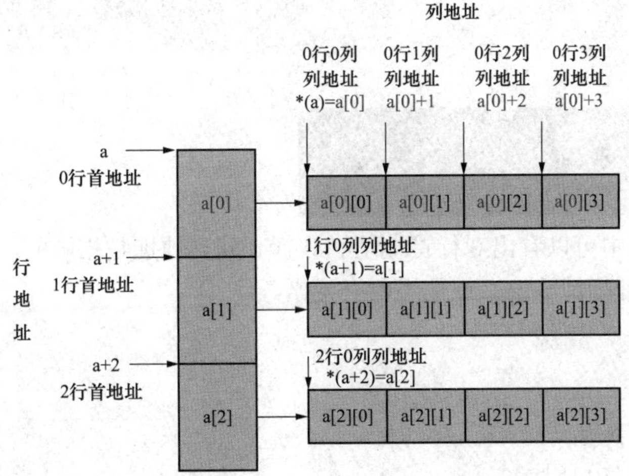

图 9-4　二维数组中的行地址、列地址表示

注意：

- 出现二维数组名 a、a+i 等，代表行地址；出现一维数组数组名 a［0］，a［1］，a［2］等，代表列地址。
- 行地址前面有“*”，例如，*（a+i），为 a［i］，代表列地址；列地址前面有“*”，例如*（a［1］+2），为 a［1］［2］，代表二维数组的数组元素。
- 二维数组元素 a［i］［j］等价于*（*（a+i）+j）等价于*（a［i］+j）。
- 若 p 代表列地址，初值为 a［0］，则 p+1 为下一个元素的地址。通过 p 访问数组元素 a［i］［j］，格式为*（p+（ i *总列数+j））。

二维数组 a 的性质见表 9-2。

表 9-2 **二维数组 a 的性质**

表示形式	含　义
a	二维数组名，指向一维数组 a [0]，即 0 行首地址
a [0]，*（a+0），*a	0 行 0 列元素地址
a+1，&a [1]	1 行首地址
a [1] +2，*（a+1）+2，&a [1] [2]	1 行 2 列元素 a [1] [2] 的地址
（a [1] +2），（*（a+1）+2），a [1] [2]	1 行 2 列元素 a [1] [2] 的值

【例 9.9】输出行地址和列地址。

```
源程序
#include "stdio.h"
void main( )
{
    int a[3][4]={1, 2, 3, 4, 5, 6, 7, 8, 9, 10, 11, 12};
    printf("0行行地址为: %x\n", a);        /*十六进制输出 a 的值，即输出 0 行首地址*/
    printf("0行0列列地址为: %x\n", a[0]);
                                            /*输出 a[0]值，即输出 0 行 0 列列地址*/
    printf("a[0][0]的地址为: %x\n", &a[0][0]);
                                            /* &a[0][0]表示 0 行 0 列列地址*/
}
```

运行结果

```
0行行地址为: 18ff18
0行0列列地址为: 18ff18
a[0][0]的地址为: 18ff18
```

从程序运行结果中可以看出 0 行首地址和 0 行 0 列列地址是相同的。

【例 9.10】使用行指针输出二维数组所有元素。

```
源程序
#include <stdio.h>
void main( )
{   int a[3][4]={101, 103, 105, 107, 109, 111, 113, 115, 117, 119, 121, 123};
    int i, j,(*p)[4]=a;                    /*定义指针变量 p 为行地址*/
    for(i=0; i<3; i++)
    {   for(j=0; j<4; j++)
            printf("%5d", *(*(p+i)+j));   /*输出二维数组所有元素 a[i][j]*/
        printf("\n");
    }
        printf("\n");
}
```

运行结果

```
 101  103  105  107
 109  111  113  115
 117  119  121  123
```

本程序*（*（p+i）+j）表示二维数组元素 a [i] [j]，也可以用*（*（a+i）+j）、*（p [i] +j）来表示。

【例 9.11】使用列指针输出二维数组所有元素。

```
源程序
#include <stdio.h>
void main( )
{
    int a[3][4]={101, 103, 105, 107, 109, 111, 113, 115, 117, 119, 121, 123};
    int *p;                                    /*定义指针变量 p 为列地址 */
    for(p=a[0]; p<a[0]+12; p++)      /* 注意: 是 p=a[0], 而不是 p=a */
    {   if((p-a[0])%4==0)printf("\n");
        printf("%5d", *p);
    }
    printf("\n");
}
```

运行结果

```
 101  103  105  107
 109  111  113  115
 117  119  121  123
```

此程序也可以编写成这样:

```
源程序
#include <stdio.h>
void main( )
{   int a[3][4]={101, 103, 105, 107, 109, 111, 113, 115, 117, 119, 121, 123};
    int i, j, *p=&a[0][0];               /*定义指针变量 p 为列地址 */
    for(i=0; i<3; i++)
    {   for(j=0; j<4; j++)
            printf("%5d", *(p+(i*4)+j));
        printf("\n");
    }
    printf("\n");
}
```

运行结果

```
 101  103  105  107
 109  111  113  115
 117  119  121  123
```

9.4 指针和字符串

字符串可用字符数组进行处理，也可通过字符指针来进行处理，而后者更加方便灵活。可以定义一个字符指针变量指向一个字符串。

【例 9.12】分别使用字符数组和字符指针变量表示字符串。

```
源程序
#include <stdio.h>
void main( )
{   char astr[]="C-Language";           /* 定义字符数组存储字符串 */
```

```
    char *pstr="Computer";      /* 定义字符指针变量指向字符串 */
    printf("Astr is %s\n", astr);
    printf("Pstr is %s\n", pstr);
    pstr=astr;                  /*指针变量 pstr 存放字符数组首地址 */
    printf("\nPstr is %s\n", pstr);
}
```

运行结果

```
Astr is C-Language
Pstr is Computer

Pstr is C-Language
```

【例 9.13】用函数调用方式，实现字符串的复制。

源程序

```
#include "stdio.h"
void string_copy(char *to, char *from)
{   /*字符指针 to 存储目标串，字符指针 from 接收源串 */
    int i=0;
    for(;(*(to+i)=*(from+i))!= '\0'; i++);      /*循环体为空语句*/
}
void main( )
{
    char str1[20], str2[20]="Hard Work";
    string_copy(str1, str2);                    /*调用函数，数组名作实参*/
    printf("str1:  %s\n", str1);
}
```

运行结果

```
str1: Hard Work
```

9.5 指 针 与 函 数

9.5.1 指针作为函数的返回值

C 语言中允许一个函数的返回值是一个指针（即地址），这种返回指针值的函数可简称为指针型函数。定义指针型函数的一般形式为：

```
函数类型   *函数名([形参表])
```

返回指针值的函数与其他类型的函数定义格式的区别，只是在函数名前加一个*号，表示此函数的返回值是指针类型。

【例 9.14】键盘输入 10 个数，调用函数求其中的最大值。

源程序

```
#include <stdio.h>
int *max(int a[], int n)        /*max 为返回指针值的函数*/
{   int i, *q=a;                /*假设最大数为 a[0]，q 为 a[0]的地址*/
    for(i=1; i<n; i++)
        if(a[i]>*q)q=a+i;       /*保留实际最大值的指针*/
```

```
    return q;                     /*返回最大值的指针值*/
}
void main( )
{   int i, a[10], *p;
    for(i=0; i<10; i++)
        scanf("%d", &a[i]);
    p=max(a, 10);                 /*指针变量p存放最大值的地址*/
    printf("Max=%d\n", *p);       /*输出最大值*/
}
```

运行结果

```
12 32 44 55 65 43 23 56 78 999
Max=999
```

9.5.2 指向函数的指针变量

在C语言中，一个函数总是占用一段连续的内存空间，而函数名就是该函数所占内存空间的首地址。函数的首地址赋予一个指针变量，这种指向函数的指针变量称为指向函数的指针变量。

指向函数的指针变量定义的一般形式为：

类型名 （*指针变量名）（参数类型1，参数类型2… ）;

【例9.15】利用指向函数的指针变量，求二个数中的最大值和最小值。

```
源程序
#include <stdio.h>
void main( )
{   int max(int, int);            /*函数说明*/
    int min(int, int);            /*函数说明*/
    int(*p)(int, int);            /* 定义指向函数的指针变量p */
    int x, y, z;
    printf("input two numbers: \n");
    scanf("%d%d", &x, &y);
    p=max;                        /* p指向max函数 */
    z=(*p)(x, y);
    printf("\nMax=%d\n", z);
    p=min;                        /* p指向min函数 */
    z=(*p)(x, y);
    printf("Min=%d\n", z);
}
int max(int a, int b)
{
    if(a>b)return a;
    else return b;
}
int min(int a, int b)
{
    if(a<b)return a;
    else return b;
}
```

运行结果

```
input two numbers:
10 20

Max=20
Min=10
```

9.6 指针数组与指向指针的指针变量

9.6.1 指针数组

数组的每个元素都是一个指针数据，这样的数组称为指针数组。

指针数组的定义格式如下：

数据类型 *数组名［元素个数］

【例 9.16】输入姓名，在字符数组查找该姓名，如果找到则显示欢迎信息，否则显示“名字没有找到”。

源程序

```
#include <stdio.h>
#include <stdlib.h>
#include <string.h>
void  main( )
{
    char *namedb[]={"Green", "Dabai", "Alice", "John", "Tom"};
                                                    /*定义指针数组*/
    char name[100];
    int i;
    printf("请输入一行字符: ");
    gets(name);
    for(i = 0;  i < 5;  i++)
    {
        if(strcmp(name, namedb[i])==0)
        {
          printf("欢迎你, %s! \n", name);
          exit(0);
       }
    }
   printf("名字没有找到! \n");
}
```

运行结果 1

运行结果 2

```
请输入一行字符：lili
名字没有找到!
```

程序中数组 namedb 是一个指针数组，即数组的每一个元素都是一个指向字符串的指针。

9.6.2 指向指针的指针变量

在［例 9.16］程序中由于 namedb 是一个数组，则它的每一个元素也同样有相应的地址，因此可以设置一个指针变量 pointer，使其指向指针数组的元素（元素的值还是一个指针），并称 pointer 为指向指针的指针变量。

指向指针的指针变量的一般定义格式如下：

数据类型　**指针变量 1 [，**指针变量 2……]　；

例如：

```
char  **pointer;
```

【例 9.17】使用二级指针输出变量的值。

```
源程序
#include "stdio.h"
void main( )
{
   int  a=10;
   int  *p1;
   int  **p2;                    /*定义二级指针*/
   p1=&a;                        /*将 a 的地址给 p1*/
   p2=&p1;                       /*将 p1 的地址给 p2 */
   printf("a=%d, *p1=%d, **p2=%d\n", a, *p1, **p2);
}
```

运行结果

```
a=10,*p1=10,**p2=10
```

本程序*p2 等价于 p1，*p1 等价于 a，即 a、*p1 和**p2 的值是相同的。

【例 9.18】使用二级指针输出指针数组中的字符串。

```
源程序
#include "stdio.h"
void main( )
{
    char *name[ ]={"China", "Beijing", "Great Wall"};      /*定义指针数组*/
    char  **pointer=name;   /*定义二级指针，初值为二维数组的首地址*/
    int i;
    for(i=0; i<3; i++, pointer++)
        printf("%s\n", *pointer);
    /*循环语句*pointer 为数组元素，数组元素为指针变量，存放字符串的地址*/
}
```

运行结果

```
China
Beijing
Great Wall
```

9.6.3　主函数 main( )的形参

到目前为止，用到的 main( )函数都是不带参数的。其实 main( )函数可以有两个参数，用于接收命令行参数。

带有参数的 main( )函数表示如下：

```
main(int argc, char *argv[])
  { … }
```

其中，第一个形参 argc 用于接收命令行上用户输入的参数的个数，第二个形参 argv 是一个字符指针数组，数组中每个元素值都是指向实参字符串的指针。

运行带形参的主函数，必须在操作系统状态下，输入主函数所在的可执行文件名，以及所需的实参，然后按“回车”键即可。

命令行的一般格式如下：

可执行文件名 实参 1 [，实参 2……]

习题

一、选择题

1．变量的指针，其含义是指该变量的（　　）。

A）值　　B）地址　　C）名　　D）一个标志

2．若有语句 int *point，a=4；和 point=&a；下面均代表地址的一组选项是（　　）。

A）a，point，*&a　　B）&*a，&a，*point

C）*&point，*point，&a　　D）&a，&*point，point

3．若已定义 a 为 int 型变量，则（　　）是对指针 p 的正确说明和初始化。

A）int *p=a;　　B）int *p=*a;

C）int p=&a;　　D）int *p=&a;

4．下面程序段的运行结果是（　　）。

```
char *s=”abcde”;
s+=2;
printf(“%d”, s);
```

A）cde　　B）字符‘c’

C）字符‘c’的地址　　D）无确定的输出结果

5．已有定义：int k=2；int *ptr1，*ptr2；且 ptr1 和 ptr2 均已指向变量 k，下面不能正确执行的赋值语句是（　　）。

A）k=*ptr1+*ptr2;　　B）ptr2=k;

C）ptr1=ptr2　　D）k=*ptr1*（*ptr2）;

6．若有定义：int a [10]，*p=a;，则以下对 a 数组元素地址的正确引用是（　　）。

A）p+10　　B）a++　　C）&a+1　　D）&a [0]

7．若有定义：int c [5]，*p=c；则不能代表 c 数组首地址的是（　　）。

A）c　　B）&c [0]　　C）&c　　D）p

8．已知程序段：int i，j，*p=&i；则与 i = j 等价的语句是（　　）。

A）i=*p;　　B）*p=*&j　　C）i=&j;　　D）i=**p;

9．若有说明语句：int x [3] [4]；则以下关于 x，*x，x [0]，&x [0] [0] 的正确描述是（　　）。

A）x，*x，x [0]，&x [0] [0] 均表示元素 x [0] [0] 的地址

B）只有*x，x [0]，&x [0] [0] 表示的是元素 x [0] [0] 的地址

C）只有 x [0] 和&x [0] [0] 表示的是元素 x [0] [0] 的地址

D）只有&x [0] [0] 表示的是元素 x [0] [0] 的地址

10. 若有以下说明语句：

```
int a[2][3]={1, 3, 5, 7, 9, 11};
int m, n;
```

且 0≤m≤1，0≤n≤2，则（　　）是对数组元素的正确引用。

A）a［m］+n　　B）*（a+5）

C）*（*（a+m）+3）　　D）*（*（a+m）+n）

11. 下面程序的运行结果是（　　）。

```
#include "stdio.h"
void main ( )
{
    int x[5]={2, 4, 6, 8, 10}, *p, **pp;
    p=x;
    pp=&p;
    printf("%d ", *(p++));
    printf("%d\n", **pp);
    }
```

A）4　4　　B）2　4　　C）2　2　　D）4　6

12. 阅读以下程序：

```
#include "stdio.h"
void main ( )
{
    int a[10]={2, 4, 6, 8, 10, 12, 14, 16, 18, 20}, *p;
    p=a;
    printf( "%x\n" , p);
    printf( "%x\n" , p+1);
}
```

若第一个 printf 语句输出的是 ffca，则第二个 printf 语句输出的是（　　）。

A）ffcb　　B）ffcd　　C）ffce　　D）ffdd

13. 以下程序的输出结果是（　　）。

```
#include "stdio.h"
void fa(char *c, int d)
{
    *c=*c+1;
    d=d+1;
    printf( "%c, %c, " , *c, d);
}
void main( )
{
    char a='A', b='a';
    fa(&b, a);
    printf( "%c, %c\n" , a, b);
}
```

A）B，a，B，a　　B）a，B，A，b　　c）A，b，A，b　　D）b，B，A，b

14. 设有如下程序段：

```
char str[ ]=" Hello" ;
char *p;
p=str;
```

执行上面程序段后，*（p+4）的值为（　　）。

A）'o'　　B）'\0'　　C）不确定的值　　D）'o' 的地址

15. 以下程序的运行结果是（　　）。

```
#include "stdio.h"
void main( )
{
    int **k, *a, b=100;
    a=&b;
    k=&a;
    printf("%d\n", **k);
}
```

A）运行出错　　B）100　　C）a 的地址　　D）b 的地址

16. 以下程序的输出结果是（　　）。

```
#include "stdio.h"
void fun(int x, int y, int *cp, int *dp)
{   *cp=x+y;  *dp=x-y;  }
void main( )
{   int a, b, c, d;
    a=30;  b=50;
    fun(a, b, &c, &d);
    printf("%d, %d\n", c, d);
}
```

A）50，30　　B）30，50　　C）80，-20　　D）80，20

17. 下面程序的运行结果是（　　）。

```
#include<stdio.h>
void main ( )
{
    char a[ ]="Language", b[ ] ="programe";
    char *p1, *p2;
    int k;
    p1=a;   p2=b;
    for(k=0;  k<=7;  k++)
        if(*(p1+k)==*(p2+k))
            printf("%c", *(p1+k));
}
```

A）gae　　B）ga　　C）Language　　D）有语法错误

18. 以下程序运行的结果是（　　）。

```
#include<stdio.h>
void main ( )
{
    int a[ ]={2, 4, 6, 8, 10}, y=1, x, *p;
    p=&a[1];
    for(x=0;  x<3;  x++)
        y+=*(p+x);
    printf("%d\n", y);
}
```

A）17　　B）18　　C）19　　D）20

19．下面程序的运行结果是（　　）。

```
#include<stdio.h>
#include<string.h>
void main ( )
{
    char *s1=" AbDeG" ;
    char *s2=" AbdEg" ;
    s1+=2;  s2+=2;
    printf(“%d\n” , strcmp(s1, s2));
}
```

A）正数　　B）负数　　C）零　　D）不确定的值

20．下面程序段的运行结果是（　　）。

```
char a[]=" language" , *p;
p=a;
while(*p!='u')
{
    printf(“%c” , *p-32);
    p++;
}
```

A）LANGUAGE　　B）language　　C）LANG　　D）langUAGE

二、填空题

1．假设 a 是一个 6 x 8 的二维数组，下列各表达式访问的是哪个数组元素？

（a）*a［2］　　________

（b）*（ a［2］ +7）　　________

（c）*（*a）　　________

（d）*（*（ a+5 ） +2）　　________

2．给定如下变量定义：

```
char letters[3] = { 'A', 'B', 'D' } ;
char *ptr = letters + 1  ;
char c ;
```

下列各小题中的语句执行后变量 c 的值分别为？

（a）c = *（letters + 2）;　　________

（b）c = *（ptr + 1）;　　________

（c）c = *++ptr;　　________

（d）c = ++*ptr;　　________

（e）c = *ptr++;　　________

3．下面程序可通过行指针 p 输出数组 a 中任一行任一列元素的值。请填空。

```
#include<stdio.h>
void main( )
{
    int a[2][3]={2, 4, 6, 8, 10, 12};
    int(*p)[3], i, j;
    p=a;
    scanf("%d, %d", &i, &j);    /*0≤i<2, 0≤j<3*/
    printf("a[%d][%d]=%d\n", i, j, ________);
}
```

4. 下面程序的运行结果是____________。

```
#include<stdio.h>
void main( )
{
    int x[ ]={0, 1, 2, 3, 4, 5, 6, 7, 8, 9};
    int s, i, *p;
    s=0;
    p=&x[0];
    for(i=1; i<10; i+=2)
        s+=*(p+i);
    printf("sum=%d", s);
}
```

5. 下面程序的输出结果是____________。

```
#include<stdio.h>
void main( )
{
    char a[ ]="12345", *p;
    int s=0;
    for(p=a; *p!='\0'; p++)
        s=10*s+*p-'0';
    printf("%d\n", s);
}
```

6. 下面程序的输出结果是____________。

```
#include<stdio.h>
void main( )
{
        char str[ ]="abc", *ps=str;
        while(*ps)
        ps++;
        for(ps--; ps-str>=0; ps--)
        puts(ps);
}
```

7. 下面程序的运行结果是____________。

```
#include<stdio.h>
void  main( )
{
    char a[80], b[80], *p="aAbcdDefgGH";
    int i=0, j=0;
    while(*p!='\0')
    {
        if(*p>='a' && *p<='z')
        {
            a[i]=*p;   i++;
        }
        else
        {
            b[j]=*p;   j++;
        }
        p++;
    }
    a[i]=b[j]='\0';
    puts(a);  puts(b);
}
```

8．有以下程序，若从键盘输入：abc def↙，下面程序的运行结果是____________。

```
#include<stdio.h>
#include<stdlib.h>
void main( )
{
    char *p, *q;
    p=(char *)malloc(sizeof(char)*20);
    q=p;
    scanf("%s%s", p, q);
    printf("%s  %s", p, q);
}
```

三、编程题

1．写一个函数，求一个字符串的长度。在main( )函数中输入字符串，并输出其长度。

2．通过指针操作，找出三个整数中的最小值并输出。

3．输入3个字符串，按由小到大的顺序输出。

4．从键盘输入一个字符串，然后按照下面要求输出新字符串。新串是在原串中每两个字符之间插入一个空格，要求在函数insert中完成新串的产生。

5．用指针在函数中完成计算数组中的最大元素及下标值和地址，主函数中调用输出该最大元素及下标值和地址。

第9章　习题答案

第 10 章　结构体与共用体

课前导读

在实际问题中，有时需要将不同类型的数据组合成一个有机的整体，以便于引用。这个整体中的数据是互相联系而又可能具有不同数据类型的（如：编号、姓名、性别、年龄、电话、E-mail、地址、邮编等）。如果将这些数据信息分别定义为互相独立的简单量，难以反映它们之间的内在联系；若使用数组，它们不一定具有相同的数据类型。为了解决这样的问题，C 语言提供的结构体类型。本章重点掌握结构体的相关操作，并在此基础上了解链表的应用。本章的难点是链表的应用。

本章要点

- 掌握结构体类型与结构体变量的定义；
- 掌握结构体变量的初始化与引用；
- 掌握结构体数组的使用方法；
- 理解结构体类型指针变量的含义；
- 了解单链表的概念；
- 了解共用体类型的使用方法；
- 了解枚举类型的使用方法；
- 掌握自定义数据类型使用方法。

教学要求

本章的教学要求见表 10-1。

表 10-1　　第 10 章的教学要求

知识要点	教学要求	能力要求
结构体	掌握结构体类型的定义； 掌握结构体类型变量的定义； 掌握结构体变量的初始化与引用； 学会结构体数组的应用； 理解结构体类型指针变量的含义； 了解链表的定义和基本操作	使用结构体类型方法解决和描述复杂工程问题的能力
共用体	了解共用体类型的定义； 了解共用体变量的定义； 了解结构体和共用体的区别； 了解共用体变量的使用	使用共用体类型解决算法的能力
枚举类型和自定义数据类型	了解枚举类型的定义； 了解枚举类型变量的定义； 了解枚举类型变量的使用； 掌握自定义数据类型 typedef 的用法	使用 typedef，实现程序移植的能力

思维导图

本章思维导图如图 10-1 所示。

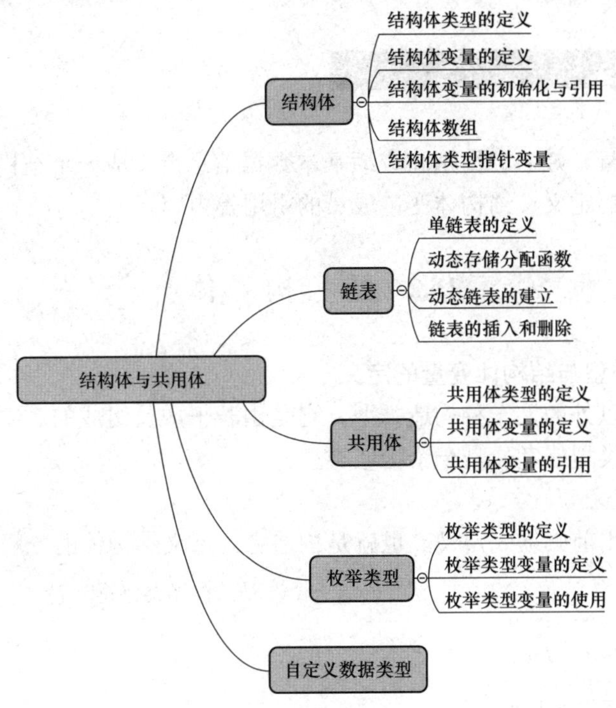

图 10-1　第 10 章思维导图

10.1　问题提出与程序示例

1. 问题描述

计算学生的平均成绩和不及格的人数的问题。学生的信息是由学生学号、姓名、性别和成绩构成，编写程序要求输出学生的平均成绩和不及格学生的人数。

2. 程序代码

```
源程序
#include <stdio.h>
struct student                              /* 定义结构体数据类型 student */
{   int num;
    char name[10];
    char sex;
    float score;
};
void main( )
{   int i, n=0;
    float ave=0;
    struct student s[5]={{101, "李萍", 'F', 48}, {102, "陈铭", 'M', 82.5},
    {103, "李宇", 'M', 63.5}, {104, "王芳", 'F', 54}, {105, "何宝", 'M', 86}};
                                            /*定义结构体数组 s, 并赋初值*/
  for(i=0; i<5; i++)
```

```
    {  ave+=s[i].score;            /*取结构体数组 s 中元素的成员 score */
       if(s[i].score<60)n++;  }
   ave=ave/5;
   printf("平均成绩=%.2f   有%d 人不及格\n", ave, n);
}
```

运行结果

```
平均成绩=66.80   有2人不及格
```

3. 程序说明

本程序将学生学号、姓名、性别和成绩基本数据信息定义成一个结构体数据类型，程序中还涉及结构体数组的定义、结构体变量成员的引用等内容。

10.2 结　构　体

10.2.1 结构体类型与结构体变量的定义

结构体是除数组以外的又一种构造类型，它是由若干成员组成的。结构体的每一个成员可以是一个基本数据类型或者又是一个构造类型。

1. 结构体类型定义

结构体类型在使用前必须先定义，也就是构造它。定义结构体的一般形式为：

```
struct  结构体类型名                  /*struct 是结构体类型关键字*/
{    数据类型   成员名 1;
     数据类型   成员名 2;
       …          …
     数据类型   成员名 n;
};                                    /* 此行分号不能少！*/
```

其中，结构体类型名的命名规则，与变量名相同。大括弧内是组成该结构体的各个成员。每一个成员可以是一个基本数据类型，或者是又一个构造类型（数组或结构体），还可以是指针，甚至可以是指向该结构体本身的指针。

例如：

```
struct student                        /* 结构体类型名为 student，有 4 个成员  */
{    int num;
     char name[10];
     char sex;
     float score;
};
```

例如：

```
struct date                           /*日期结构体类型 date，有 3 个成员*/
{    int year;
     int month;
     int day;
 };
struct stud                           /* 结构体类型名为 stud，有 4 个成员  */
{    int num;
     char name[10], sex;
     struct date birthday;        /* 结构体成员 birthday 为结构体类型 */
};
```

2. 结构体类型变量定义

可以采取以下三种方法定义结构体类型变量。

（1）先定义结构体类型再定义结构体变量。

一般格式如下：

```
struct  结构体类型名                    /*定义结构体类型*/
{ …
  };
struct  结构体类型名 结构体变量表;       /*定义结构体类型变量*/
```

例如：

```
struct student                          /* 先定义了一个结构体类型 student  */
{   int num;
    char name[10];
    char sex;
    float score;
};                                      /* 此处的分号不能缺 */
struct student st1, st2;                /*再定义 student 结构体类型的变量 st1 和 st2*/
```

（2）在定义结构体类型的同时定义结构体变量。

一般格式如下：

```
struct  结构体类型名
{ …
    }   结构体变量表;
```

例如：

```
struct student                          /* 定义结构体类型 student  */
{   int num;
    char name[10];
    char sex;
    float score;
}   st1, st2;                           /* st1 和 st2 为结构体变量*/
```

（3）直接定义结构类型变量。

一般格式如下：

```
struct
{ …
   } 结构体变量表;
```

例如：

```
struct                                  /*此处不出现结构体名*/
{   int num;
    char name[10];
    char sex;
    float score;
}   st1, st2;  /* st1 和 st2 为结构体变量*/
```

10.2.2 结构体变量的初始化与引用

1. 结构体变量的初始化

对结构体类型变量也可以在定义时指定初始值，结构体变量初始化的一般格式如下：

结构体变量={初值表};

```
struct student
{   int num;
    char name[10];
    char sex;
    float score;
}   st1={1010, "张三", 'F', 510.0}, st2={1011, "李四", 'M', 490.5};
```

注意：

- 赋初值的数据，必须和结构体类型中对应成员的数据类型相符。

2. 结构体变量的引用

引用结构体变量时，一般不能将一个结构体变量作为一个整体来引用，而只能引用结构体变量中的各个成员。引用结构体变量中成员的一般形式为：

结构体变量名.成员名

其中的点号“.”是成员（分量）运算符，它的运算优先级最高。

例如：st1.num =1010;

对于嵌套结构体变量，只能对最低成员进行引用。例如：

```
struct stud s1, s2;
```

若引用 month 成员，需要写成 s1.birthday.month。

【例 10.1】 给结构体变量赋值并输出其值。

```
源程序
#include <stdio.h>
#include <string.h>
struct
{   int num;
    char name[10];
    char sex;
    float score;
}   st1, st2;  /* st1 和 st2 为结构体变量*/
void main( )
{   st1.num=102;
    strcpy(st1.name, "Guoping");
    st1.sex='F';
    st1.score=98;
    st2=st1;
    printf("Number=%d \nName=%s\n", st2.num, st2.name);
    printf("Sex=%c \nScore=%f \n", st2.sex, st2.score);
}
```

运行结果

```
Number=102
Name=Guoping
Sex=F
Score=98.000000
```

从上面程序可以看出，结构体变量可作为一个整体对其进行赋值。例如：st2=st1。

【例 10.2】定义结构体类型，用于显示一个学生的基本情况。

```
源程序
#include <stdio.h>
void main( )
{
    struct date                              /*日期结构体类型 date，由 3 个成员*/
    {   int year;
        int month;
        int day;
    };
    struct stud                              /* 结构体类型名为 stud，有 4 个成员  */
    {   int num;
        char name[10], sex;
        struct date birthday;                /* 成员 birthday 为结构体类型 */
    };
    struct  stud  s1={101, "张三", 'F', {1999, 9, 20}};
    printf("No:  %d\n", s1.num);             /*引用结构体变量 s1 中的 num 成员*/
    printf("Name:  %s\n", s1.name);          /*引用结构体变量 s1 中的 name 成员*/
    printf("Sex:  %c\n", s1.sex);            /*引用结构体变量 s1 中的 sex 成员*/
    printf("Birthday:  ");
    printf("%d-", s1.birthday.year);         /*引用 s1 中 birthday 的 year 成员*/
    printf("%d-", s1.birthday.month);        /*引用 s1 中 birthday 的 month 成员*/
    printf("%d\n", s1.birthday.day);         /*引用 s1 中 birthday 的 day 成员*/
}
```

运行结果

```
No: 101
Name: 张三
Sex: F
Birthday: 1999-9-20
```

10.2.3 结构体数组

结构体作为一个数据类型，可以构成结构体类型数组，用于描述和处理多个相同结构数据的需要。结构体数组中的每一个元素都是具有相同结构体类型的结构体下标变量。

结构体数组初始化的格式如下：

结构体数组 [n] ={{初值表 1}，{初值表 2}，…，{初值表 n}}；

【例 10.3】用于存储和显示 5 个学生的基本情况。

```
源程序
#include <stdio.h>
struct student                    /* 定义结构体数据类型 student */
{   int num;
    char name[10];
    char sex;
    float score;
};
void main( )
{   int i;
```

```
    struct student s[5]={{101, "李萍", 'F', 48}, {102, "陈铭", 'M', 82.5},
    {103, "李宇", 'M', 63.5}, {104, "王芳", 'F', 54}, {105, "何宝", 'M', 86}};
                                    /* 定义结构体数组s，并赋初值*/
    for(i=0; i<5; i++)
    {   printf("学号: %6d", s[i].num);
        printf("姓名: %s ", s[i].name);
        printf("性别: %c ", s[i].sex);
        printf("成绩: %.0f\n", s[i].score);
    }
}
```

运行结果

```
学号:    101姓名: 李萍 性别: F 成绩: 48
学号:    102姓名: 陈铭 性别: M 成绩: 83
学号:    103姓名: 李宇 性别: M 成绩: 64
学号:    104姓名: 王芳 性别: F 成绩: 54
学号:    105姓名: 何宝 性别: M 成绩: 86
```

10.2.4 结构体类型指针变量

定义一个指向一个结构体变量的指针变量，称为结构体指针变量。结构体指针变量可以引用结构体变量成员的地址，也可以引用结构体变量的地址。还可以用来指向结构体数组或结构体数组中的元素。

结构体类型指针变量定义的一般形式：

struct 结构体类型名*指针变量名;

引入了结构体类型的指针变量之后，要访问结构体类型变量成员有以下 3 种方式：

(1) 结构体类型变量名.成员名

(2)(*结构体指针变量名).成员名

注意：

- (*结构体指针变量名）两侧的括号不可少。

(3) 结构体指针变量名->成员名

注意：

- ->称为指向运算符，只能用于结构体指针变量名之后，而不能用于结构体类型变量名之后。

以上这 3 种引用结构体成员的形式是完全等效的。

【例 10.4】通过 3 种方式访问结构体变量的各个成员。

源程序

```
#include <stdio.h>
struct student                          /* 定义结构体数据类型 student */
{   int num;
    char name[10];
    char sex;
    float score;
};
void main( )
{
    struct student st={108, "白鑫", 'M', 86};   /*定义结构体变量 st, 并赋初值*/
```

```
    struct student *p=&st;      /*定义结构体指针变量p*/
                                /*分别用3种方式输出各个成员*/
    printf("学号: %d\t%d\t%d\n", st.num,(*p).num, p->num);
    printf("姓名: %s\t%s\t%s\n", st.name,(*p).name, p->name);
    printf("性别: %c\t\t%c\t%c\n", st.sex,(*p).sex, p->sex);
    printf("成绩: %.0f\t%.0f\t%.0f\n", st.score,(*p).score, p->score);
}
```

运行结果

```
学号: 108        108      108
姓名: 白鑫       白鑫     白鑫
性别: M          M        M
成绩: 86         86       86
```

【例10.5】使用指向结构体数组的指针来访问结构体数组。

```
源程序
#include <stdio.h>
struct student                          /* 定义结构体数据类型student */
{   int num;
    char name[10];
    char sex;
    float score;
};
void main( )
{   int i;
    struct student s[5]={{101, "李萍", 'F', 48}, {102, "陈铭", 'M', 82.5},
    {103, "李宇", 'M', 63.5}, {104, "王芳", 'F', 54}, {105, "何宝", 'M', 86}};
                                        /* 定义结构体数组s, 并赋初值*/
    struct student *p=s;                /*定义指向结构体数组的指针变量*/
    for(i=0;  i<5;  i++, p++)
    {   printf("学号: %6d", p->num);
        printf("姓名: %s ", p->name);
        printf("性别: %c ", p->sex);
        printf("成绩: %.0f\n", p->score);
    }
}
```

运行结果

```
学号:    101姓名: 李萍 性别: F 成绩: 48
学号:    102姓名: 陈铭 性别: M 成绩: 83
学号:    103姓名: 李宇 性别: M 成绩: 64
学号:    104姓名: 王芳 性别: F 成绩: 54
学号:    105姓名: 何宝 性别: M 成绩: 86
```

10.3 链　　表

链表作为一种常用的、能够实现动态存储分配的数据结构，在“数据结构”课程中有详细介绍。本节只对单链表作简单介绍。

1. 链表的定义

单链表结构如图10-2所示。

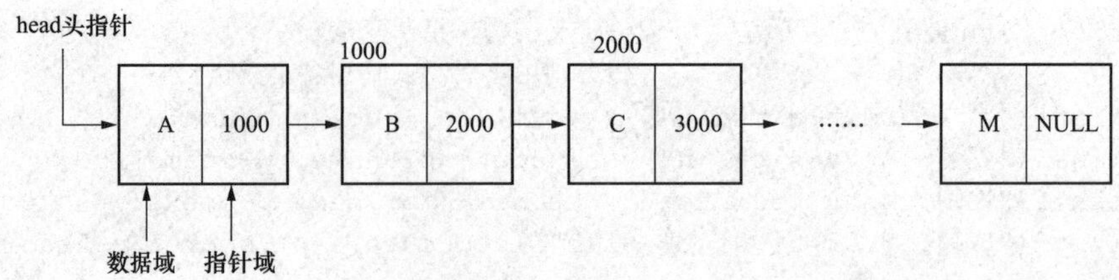

图 10-2 单链表结构

其中，头指针 head 指向链表的开头，链表末尾结点的指针域为"NULL（空）"，链表中每个结点由两部分组成，即数据域和指针域。数据域存储结点本身的数据信息，指针域存放后继结点的地址。

【例 10.6】 建立静态链表，包含 3 个结点组成（每个结点数据域包括学号和成绩），然后输出各结点的数据。

源程序

```
#include "stdio.h"
struct node                          /*定义结构体类型，共有 3 个成员*/
{
    int num;                         /*数据域：学号*/
    float score;                     /*数据域：成绩*/
    struct node *next;               /*指针域：指向 struct node 类型的指针变量*/
};
void main( )
{
    struct node  s1, s2, s3;         /*变量 s1，s2，s3 表示链表中 3 个结点*/
    struct node  *head, *p;          /*head 为链表的头指针，p 为指向链表的指针变量*/
    s1.num=1010;                     /*分别给 3 个变量赋初值*/
    s1.score=89;
    s2.num=1011;
    s2.score=90;
    s3.num=1012;
    s3.score=88.5;
    head=&s1;                        /*头指针指向 s1 结点*/
    s1.next=&s2;                     /*s1 的指针域的值是 s2 的地址，即指向 s2 结点*/
    s2.next=&s3;                     /*s2 的指针域的值是 s3 的地址，即指向 s3 结点*/
    s3.next=NULL;                    /*s3 的指针域为 NULL，表示链表末尾*/
    p=head;
    do                               /*输出链表中各结点的数据*/
    {
        printf("学号: %d\n 成绩: %5.2f\n", p->num, p->score);
        p=p->next; }
    while(p!=NULL);
}
```

运行结果

```
学号: 1010
成绩: 89.00
学号: 1011
成绩: 90.00
学号: 1012
成绩: 88.50
```

本程序链表结点是在程序中定义的，不是临时开辟，这种方法生成的链表称为静态链表。下面介绍动态链表。

2. 动态存储分配函数

链表结构是动态地分配存储的，即在需要时才分配一个结点的存储单元。怎样动态地分配和释放存储单元呢？C语言编译系统提供了相关函数。

（1）malloc( )函数。

调用形式：(类型说明符*) malloc(size);

其中："类型说明符"表示该区域用于存放何种数据类型。"(类型说明符*)"表示把返回值强制转换为该类型指针。"size"是一个无符号数。

功能：在内存的动态存储区中分配一块长度为"size"字节的连续区域。函数的返回值为该区域的首地址。

例如：

```
pc=(char *)malloc(100);
```

表示分配100个字节的内存空间，并强制转换为字符数组类型，函数的返回值为指向该字符数组的指针，把该指针赋予指针变量pc。

（2）calloc( )函数。

调用形式：(类型说明符*) calloc(n, size);

功能：在内存动态存储区中分配n块长度为"size"字节的连续区域。函数的返回值为该区域的首地址。

calloc( )函数与malloc( )函数的区别仅在于一次可以分配n块区域。

例如：

```
pf=(struct student*) calloc(5,sizeof (struct student));
```

按struct student的长度分配5块连续区域，强制转换为struct student类型，并把其首地址赋予指针变量pf。

（3）free( )函数。

调用形式：free（ptr）;

功能：释放指针ptr所指向的一块内存空间，ptr 是调用函数malloc( )或calloc( )所分配的区域的首地址。free( )函数无返回值。

注意：

- 以上这三个函数的原型都在stdlib.h头文件中。因此，使用这些函数时必须包含stdlib.h头文件。

3. 动态链表的建立

动态链表是指在程序执行过程中从无到有生成各结点从而建立起一个链表，即一个一个地生成结点并输入相应的数据，同时建立起前后结点的链接关系。

【例10.7】编写一个create( )函数，创建动态链表。

```
源程序
#include "stdio.h"
#include <stdlib.h>
```

```
#define  NULL  0
struct  student                           /*定义结构体类型*/
{   int num;                              /*学号*/
    float  score;                         /*成绩*/
    struct  student  *next;               /*指针域*/
};
struct student *head=NULL;
struct  student *create( )                /*创建单链表函数*/
{
    struct student  *p, *q;               /*p 指向新申请的结点，q 为 p 的前驱结点*/
    int count=0;                          /*链表结点个数，初值为 0*/
    p=q=(struct student *)malloc(sizeof(struct student));  /*申请新结点空间*/
    printf("请输入学号和成绩(学号为 0，则退出)：");
    scanf("%d%f", &p->num, &p->score);
    while((p->num)!=0)
    {   count++;                          /*结点个数加 1*/
        if(count==1)head=p;               /* p 指向的若为第 1 个结点，p 放入 head 中 */
        else  q->next=p;                  /* q 为 p 的前驱结点*/
        q=p;                              /*申请新结点之前 p 保留 q 中*/
        p=(struct student *)malloc(sizeof(struct student));
                                          /*申请新结点空间*/
        printf("请继续输入学号和成绩(学号为 0，则退出)：");
        scanf("%d%f", &p->num, &p->score);
    }
    q->next=NULL;
    return(head);                         /*返回单链表的头指针*/
}
void output(struct student *head)   /* 输出链表结点函数*/
{
    struct student *p;
    p=head;
    if(head!=NULL)
    do
    {   printf("学号：%d 成绩：%5.1f\n", p->num, p->score);
        p=p->next;
    } while(p!=NULL);
}
void main( )
{
    create( );                            /* 调用动态生成链表函数*/
    output(head);                         /* 调用输出链表结点函数*/
}
```

运行结果

```
请输入学号和成绩（学号为0，则退出）：1010 89
请继续输入学号和成绩（学号为0，则退出）：1011 98
请继续输入学号和成绩（学号为0，则退出）：1012 80
请继续输入学号和成绩（学号为0，则退出）：1013 82
请继续输入学号和成绩（学号为0，则退出）：1014 89
请继续输入学号和成绩（学号为0，则退出）：0 0
学号：1010成绩：  89.0
学号：1011成绩：  98.0
学号：1012成绩：  80.0
学号：1013成绩：  82.0
学号：1014成绩：  89.0
```

4. 链表的插入和删除

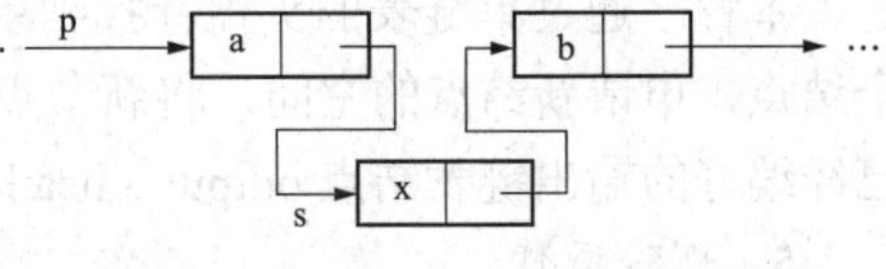

图 10-3　结点插入后的链表

假设指针变量 p 指向结点 a，结点 a 与 b 之间想插入新结点 x。插入前，结点 b 是结点 a 的后继结点；插入后，新结点 x 成为结点 a 的后继结点、b 的前驱结点，插入后的链表如图 10-3 所示。

其关键算法如下：

```
s->next=p->next;          /* p 指向结点 a，p 原来的后继作为新结点 s 的后继*/
p->next=s;                /*新结点 s 作为结点 p 的后继*/
```

【例 10.8】编写一个 insert( )函数，实现在第 i 个结点后插入新结点的操作。

源程序

```
struct student *insert(struct student *head, int i)
{
    struct student *p=head, *s;  /*s 指向要插入的新结点*/
    int j=1;                     /*寻找第 i 个结点，j=1 从头开始顺序寻找*/
    while( p!=NULL && j<i)       /*不是链表末尾和第 i 个结点，则继续查找第 i 个结点*/
    {
        p=p->next;
        j++;
    }                            /*查找成功，p 指向第 i 个结点*/
    s=(struct student *)malloc(sizeof(struct student));  /*申请新结点空间*/
    printf("在第%d 结点后进行插入，请输入学号和成绩：", i);
    scanf("%d%f", &s->num, &s->score);
    s->next=p->next;             /*新结点 s 插入到第 i 个结点后面*/
    p->next=s;
    return(head);
}
void main( )
{
    create( );                   /* 调用动态生成链表函数*/
    printf("插入前链表的结点：\n");
    output(head);                /* 调用输出链表结点函数*/
    insert(head, 2);             /*在第 2 个结点后插入*/
    printf("插入后链表的结点：\n");
    output(head);                /* 调用输出链表结点函数*/
}
```

运行结果

```
请输入学号和成绩（学号为0，则退出）：1010 89
请继续输入学号和成绩（学号为0，则退出）：1011 98
请继续输入学号和成绩（学号为0，则退出）：1012 80
请继续输入学号和成绩（学号为0，则退出）：1013 82
请继续输入学号和成绩（学号为0，则退出）：1014 89
请继续输入学号和成绩（学号为0，则退出）：0 0
插入前链表的结点：
学号：1010成绩： 89.0
学号：1011成绩： 98.0
学号：1012成绩： 80.0
学号：1013成绩： 82.0
学号：1014成绩： 89.0
在第2结点后进行插入，请输入学号和成绩：1111 99
插入后链表的结点：
学号：1010成绩： 89.0
学号：1011成绩： 98.0
学号：1111成绩： 99.0
学号：1012成绩： 80.0
学号：1013成绩： 82.0
学号：1014成绩： 89.0
```

本程序通过单链表的头指针找到单链表的第一个结点；然后顺着结点的指针域找到第 i 个结点，申请新结点的空间，将新节点 s 插入第 i 个结点后面。本程序主函数还需调用之前已经编好的输出链表结点 output（head）函数和创建单链表 create( )函数。

5. 删除操作

删除结点 x。删除前，结点 a 的后继为 x，x 的后继为 b；删除后，a 的后继为 b。删除前的链表，如图 10-4 所示。删除后的链表，如图 10-5 所示。

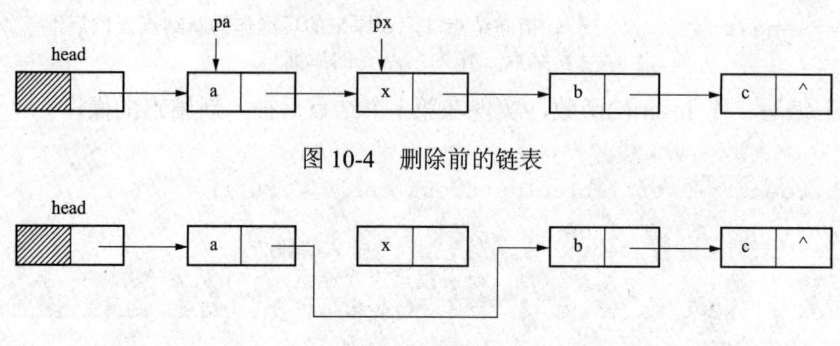

图 10-4　删除前的链表

图 10-5　删除后的链表

其关键算法如下：

```
pa->next=px->next;          /*px 的后继作为 pa 的后继，即删除 px 指向的结点 x*/
free(px);                   /*释放 px 占用的空间*/
```

【例 10.9】编写一个 dele ( )函数，删除单链表中第 i 个结点。

```
源程序
struct  student  *dele(struct  student  *head, int i)
{
    struct student *p=head, *q; /*q 指向第 i 个结点*/
    int j=1;                    /*寻找第 i-1 个结点，j=1 从头开始顺序寻找*/
    while(p!=NULL&&j<i-1)       /*不是链表末尾和第 i-1 个结点，继续查找第 i-1 个结点*/
    {
        p=p->next; j++;
    }   /*p 指向第 i-1 个结点 */
    q=p->next;              /*p 指向第 i-1 个结点，p 的后继是 q，q 指向第 i 个结点*/
    p->next=q->next;        /*q 的后继作为 p 的后继，相当于删除 q*/
    free(q);                /*释放 q 结点所占的空间*/
    return(head);
}
void main( )
{
    create( );              /* 调用动态生成链表函数*/
    printf("删除前链表的结点：\n");
    output(head);           /* 调用输出链表结点函数*/
    dele(head, 2);          /*假设删除第 2 个结点*/
    printf("删除第 2 个结点后链表的结点：\n");
    output(head);           /* 调用输出链表结点函数*/
}
```

运行结果

```
请输入学号和成绩（学号为0, 则退出）: 1010 89
请继续输入学号和成绩（学号为0, 则退出）: 1011 98
请继续输入学号和成绩（学号为0, 则退出）: 1012 80
请继续输入学号和成绩（学号为0, 则退出）: 1013 82
请继续输入学号和成绩（学号为0, 则退出）: 1014 89
请继续输入学号和成绩（学号为0, 则退出）: 0 0
删除前链表的结点:
学号: 1010成绩:  89.0
学号: 1011成绩:  98.0
学号: 1012成绩:  80.0
学号: 1013成绩:  82.0
学号: 1014成绩:  89.0
删除第2个结点后链表的结点:
学号: 1010成绩:  89.0
学号: 1012成绩:  80.0
学号: 1013成绩:  82.0
学号: 1014成绩:  89.0
```

本程序想删除第 i 个结点，首先需要找到第 i-1 个结点，由 p 指向第 i-1 个结点；其次删除 p 后面的结点 q，就相当于删除第 i 个结点。本程序主函数也需要调用之前已经编好的输出链表结点 output（head）函数和创建单链表 create( )函数。

10.4　共　用　体

共用体与结构体有一些相似之处。但两者有本质上的不同。在结构体中各成员有各自的内存空间，一个结构体变量的总长度是各成员长度之和。而在共用体中，各成员共享一段内存空间，一个共用体变量的长度等于各成员中最长的长度。

10.4.1　共用体类型与变量的定义

1. 共用体类型的定义

共用体类型的定义与结构体类型的定义类似，格式如下：

```
union  共用体类型名
 {   成员列表;
};
```

例如：

```
union data                          /*定义共用体类型*/
{   char pass;                      /*成员项*/
    float chengji;                  /*成员项*/
};
```

2. 共用体类型变量的定义

（1）先定义共用体类型再定义共用体变量。

一般格式如下：

```
union  data                         /*定义共用体类型*/
{   int i;
    char ch;
    float f;
};
union  data  un1, un2, un3;         /*定义共用体类型变量un1, un2, un3*/
```

（2）在定义共用体类型的同时定义共用体类型变量。

一般格式如下：

```
union  data
{   int i;
    char ch;
    float f;
}   un1, un2, un3;          /*定义共用体类型变量un1, un2, un3*/
```

（3）直接定义共用体类型变量。

一般格式如下：

```
union
{   int i;
    char ch;
    float f;
}   un1, un2, un3;          /*定义共用体类型变量un1, un2, un3*/
```

10.4.2 共用体变量的引用

引用共用体变量中成员的一般形式为：

共用体变量名.成员名

例如：

```
un1.i=1, un1.ch='c', un1.f=3.14;
```

注意：

- 不能对共用体变量进行初始化（注意：结构体变量可以）；也不能将共用体变量作为函数参数。

【例 10.10】某学校体育课百米考核规定：男生为考试课，纪录时间精确到0.01s。女生为考查课，按通过（T）和不通过（F）记分。成绩在同一栏目中显示。

```
源程序
#include "stdio.h"
struct student                      /*定义学生信息结构体类型*/
{
    int num;                        /*学号*/
    char name[10];                  /*姓名*/
    char sex;                       /*性别*/
    union data                      /*定义共用体类型*/
    {   char pass;                  /*女生表示是否通过，通过T、不通过F*/
        float chengji;              /*男生记录跑百米的时间*/
    }st;                            /*定义共用体变量*/
}a[5];                              /*定义结构体数组，用于记录每个学生的信息*/
void main( )
{
    int i;
    float x;
    printf("输入学生的学号、姓名、性别和百米成绩：\n");
    for(i=0; i<5; i++)
    {   scanf("%d%s %c ", &a[i].num, &a[i].name, &a[i].sex);
                                    /*输入学号、姓名、性别*/
```

```
    if(a[i].sex=='M')          /*如果是男生*/
    {   scanf("%f", &x);          /*输入百米成绩，存放变量x*/
        a[i].st.chengji=x; }    /*将输入百米成绩赋值给共用体成员a[i].st.chengji */
    else
        scanf("%c", &a[i].st.pass); /*是女生，输入是否通过，通过T、不通过F */
}
printf("学号\t姓名\t性别\t百米成绩\n");
for(i=0; i<5; i++)
{   if(a[i].sex!='M')
        printf("%d\t%s\t%c\t%c\n", a[i].num, a[i].name, a[i].sex, a[i].st.pass);
    if(a[i].sex=='M')
        printf("%d\t%s\t%c\t%.2f\n",a[i].num, a[i].name, a[i].sex, a[i].st.chengji);
    }
}
```

运行结果

```
输入学生的学号、姓名、性别和百米成绩:
1011 liwei M 13.59
1012 guoli F T
1013 liuping F F
1014 liudong M 14.01
1015 yuli M 13.56
学号    姓名    性别    百米成绩
1011    liwei   M       13.59
1012    guoli   F       T
1013    liuping F       F
1014    liudong M       14.01
1015    yuli    M       13.56
```

10.5　枚 举 类 型

10.5.1　枚举类型与变量的定义

1．枚举类型的定义

枚举类型的定义格式如下：

```
enum    枚举类型名
{ 枚举值列表
};
```

其中，enum 为枚举类型的关键字，枚举值列表的各个值用“,”隔开，枚举值也称为枚举元素。

例如：

```
enum  weekdays
{  Sun, Mon, Tue, Wed, Thu, Fri, Sat
};
```

枚举类型定义后，系统会为每一个枚举元素定义一个枚举值。默认从0开始。此处的枚举元素Sun的枚举值为0，Mon的枚举值为1、…、Sat枚举值为6。

枚举元素的值也是可以人为改变的，在定义时由程序指定。

例如：

```
enum  weekdays
{  Sun, Mon, Tue=5, Wed, Thu, Fri, Sat
};
```

Tue 之前的枚举元素 Sun 和 Mon，编译系统从 0 开始赋予枚举值，对 Tue 之后的枚举元素从 6 开始赋值。

2. 枚举类型变量的定义

枚举类型变量的定义与结构体变量类似。

示例如下：

```
enum  weekdays
     {Sun, Mon, Tue, Wed, Thu, Fri, Sat } workday;
```

（1）先定义枚举类型再定义枚举变量。

一般格式如下：

```
enum  weekdays                  /*定义枚举类型*/
 {
     Sun, Mon, Tue, Wed, Thu, Fri, Sat
 };
enum  weekdays  workday;        /*定义枚举类型变量 workday */
```

（2）在定义枚举类型的同时定义枚举类型变量。

一般格式如下：

```
enum  weekdays                  /*定义枚举类型*/
 {
     Sun, Mon, Tue, Wed, Thu, Fri, Sat
 } workday;                     /*定义枚举类型变量 workday */
```

（3）直接定义枚举类型变量。

一般格式如下：

```
enum
 {
     Sun, Mon, Tue, Wed, Thu, Fri, Sat
 } workday;                     /*定义枚举类型变量 workday */
```

10.5.2 枚举类型变量的使用

在使用枚举变量时，只能将枚举元素赋值给枚举变量，不能把枚举值直接赋值给枚举变量。

例如：

```
enum  weekdays
 {
     Sun, Mon, Tue, Wed, Thu, Fri, Sat
 } workday;
```

workday=Sun；是正确的，而 workday=0；是错误的。

【例 10.11】输出枚举变量的值。

```
源程序
#include "stdio.h"
void main( )
{
    enum  weekdays
    {
```

```
        Sun, Mon, Tue=5, Wed, Thu, Fri, Sat
    } workday=Mon;
    printf("workday=%d\n", workday);
}
```

运行结果

```
workday=1
```

10.6 自定义数据类型

使用 typedef 定义新的类型名来代替原有的类型名。

typedef 的一般格式如下：

```
typedef 原类型名  新类型名;
```

例如：

```
typedef  float  REAL;             /*float 别名为 REAL*/
```

定义了 float 别名为 REAL，此后可以用 REAL 来代替 float 对变量进行定义。

例如：

```
REAL x, y, z;
```

等价于

```
float x, y, z;
```

C 语言编译系统把变量 x，y，z 作为 float 型变量来处理。

也可以声明一个新的别名 STU 代表一个结构体类型。

例如：

```
typedef struct student          /* 结构体类型名为 student, 有 4 个成员  */
{   int num;
    char name[10];
    char sex;
    float score;
}STU;
```

可以用 STU 代替 struct student，因此，变量定义 STU st1，st2;

相当于

```
struct student st1, st2;         /*定义结构体变量*/
```

习题

一、选择题

1. 在说明一个结构体变量时，系统分配给它的存储空间是（　　）。

   A）该结构体中第一成员所需的存储空间

   B）该结构体中最后一个成员所需的存储空间

   C）该结构体中占用最大存储空间的成员所需的存储空间

   D）该结构体中所有成员所需存储空间的总和

2．设有以下说明语句

```
typedef struct
{
    int n;
    char ch[8];
}PER;
```

则下述中正确的是（　　）。

A）PER 是结构体变量名　　B）PER 是结构体类型名

C）typedef struct 是结构体类型　　D）struct 是结构体类型名

3．以下对结构体变量 stu1 中成员 age 的非法引用是（　　）。

```
struct student
{
    int age;
    int num;
}stu1, *p;
p=&stu1;
```

A）stu1.age　　B）student.age　　C）p->age　　D）（*p）.age

4．设有以下定义：

```
struct sk
{
    int a;
    float b;
}data;
int *p;
```

若要使 p 指向 data 中的 a 域，正确的赋值语句是（　　）。

A）p=&a;　　B）p=data.a;　　C）p=&data.a;　　D）*p=data.a;

5．已知

```
struct
{
    int a;
    int b;
}m[2]={{1, 2}, {3, 4}} ;
```

则 printf（“%d\n”，m［0］.b+m［1］.a*m［1］.b）；的输出结果为（　　）。

A）15　　B）14　　C）13　　D）12

6．以下程序的执行结果是（　　）。

```
#include<stdio.h>
void main( )
{
    union
    {
        char s[2];
        int i;
    }a;
    a.i=0x1234;
    printf("%x, %x\n", a.s[0], a.s[1]);
}
```

A）12，34　　B）34，12　　C）12，00　　D）34，00

7. 以下程序段的输出结果是（　　）。

```
#include<stdio.h>
struct HAR
{
    int x, y;
    struct HAR *p;
}h[2];
void main( )
{
    h[0].x=1;  h[0].y=2;
    h[1].x=3;  h[1].y=4;
    h[0].p=&h[1];
    h[1].p=h;
    printf("%d  %d\n", (h[0].p)->x, (h[1].p)->y);
}
```

A）1 2　　B）2 3　　C）1 4　　D）3 2

8. 以下程序段的输出结果是（　　）。

```
#include<stdio.h>
void main( )
{
    typedef union
    {   long x[4];
        int y[2] ;
        char z[8];
    } TYPE;
    TYPE st;
    printf(" %d\n ", sizeof(st));
}
```

A）32　　B）16　　C）8　　D）28

9. 变量a所占内存字节数是（　　）。

```
union U
{
    char st[4];
    short int i;
    long l;
};
struct  A
{
    long c;
    union U u;
}a;
```

A）4　　B）5　　C）6　　D）8

10. 对于如下的结构体定义，若对变量person的出生年份进行赋值，正确的赋值语句是（　　）。

```
struct date
{   int year, month, day;    };
struct workist
```

```
{ char name[20];
    char sex;
    struct date birthday;
}person;
```

A）year=1985　　B）birthday.year=1985

C）person.year=1985　　D）person.birthday.year=1985

二、填空题

1. 有以下说明定义和语句，可用 a.day 引用结构体成员 day，请写出引用结构体成员 a.day 的其他两种形式__________、__________。

```
struct {int day;char mouth;int year;}a,*b;b=&a;
```

2. 有如下定义：

```
struct
{
    int x;
    int y;
}s[2]={{1, 2}, {3, 4}}, *p=s;
```

则：表达式++p–>x 的结果是__________；表达式（++p）–>x 的结果是__________。

3. 下面程序的运行结果是__________。

```
#include<stdio.h>
union student
{
    char name[10];
    long sno;
    char sex;
    float score[4];
}STU;
void main( )
{
    union student a[5];
    printf("%d\n", sizeof(a));
}
```

4. 下面程序的执行结果是__________。

```
#include<stdio.h>
void main(    )
{
    union a
    {
        char *name;
        int age;
        int income;
    }s;
    s.name="LiuTu"; s.age=35;
    s.income=3500;
    printf("%d\n", s.age);
}
```

5．以下程序输出结果是＿＿＿＿＿＿＿。

```
#include<stdio.h>
struct STU
{
        char name[10];
        int num;
};
void f1(struct STU c)
{
        struct STU b={"LiSiGuo", 2042};
        c=b;
}
void f2(struct STU *c)
{
        struct STU b={"SunDan", 2044};
        *c=b;
}
void main( )
{
        struct STU a={"YangSan", 2041}, b={"WangYin", 2043};
        f1(a);
        f2(&b);
        printf("%d  %d\n", a.num, b.num);
}
```

三、编程题

1．编一个程序，从键盘上输入6个员工的身高、体重和姓名，并存放在一个结构数组中，从中查找出身材最矮和体重最轻的员工的姓名，以及与之相应的身高和体重。

2．编一个程序：输入一个长整数，分别取出该数各字节的值。

3．给定如下定义：

```
struct time_rec
  {
    int hours ;
    int mins  ;
    int secs  ;
  } ;
 struct time_rec current_time ;
```

写一个程序包含如下的函数，完成：

（a）输入 current_time 的值；

（b）将 current_time 增加1秒；

（c）显示 current_time 的新值。

第10章　习题答案

第 11 章　文　　件

课前导读

文件是程序设计中一个重要的概念。所谓文件，是指存储在外部介质上数据的集合。数据是以文件的形式存放在外部介质上（如磁盘）；计算机操作系统是以文件为单位对数据进行管理。也就是说，如果想找存在外部介质上的数据，必须先按文件名找到所指定的文件，然后再从该文件中读取数据。要向外部介质上存储数据也必须先建立一个文件，才能向它输出数据。本章的重点是掌握文件的打开、关闭和读/写操作，本章的难点是文件的定位和出错检测函数。

本章要点

- 了解文件指针的概念；
- 掌握文件的打开与关闭函数；
- 掌握文件的读写操作函数；
- 了解文件的定位和出错检测函数。

教学要求

本章的教学要求见表 11-1。

表 11-1　　第 11 章的教学要求

知识要点	教学要求	能力要求
文件的打开与关闭	了解文件指针的概念； 掌握文件打开函数 fopen( )； 掌握文件关闭函数 fclose( )	使用文件的打开和关闭函数，对文件进行操作的能力
文件的读/写	掌握字符读写函数 fgetc( )和 fputc( )的用法； 掌握字符串读写函数 fgets( )和 fputs( )的用法； 掌握数据块读写函数 fread( )和 fwrite( )的用法； 掌握格式化读写函数 fscanf( )和 fprintf( )的用法	使用文件的读写函数，对文件进行读写操作的能力
文件的定位和出错检测	了解文件的定位函数，包括 rewind( )函数、fseek( )函数、ftell( )函数的用法； 了解文件的出错检测函数，包括 ferror( )函数和 clearerr( )函数的用法	使用文件的定位和出错检测函数，学会对程序进行检测能力

思维导图

本章思维导图如图 11-1 所示。

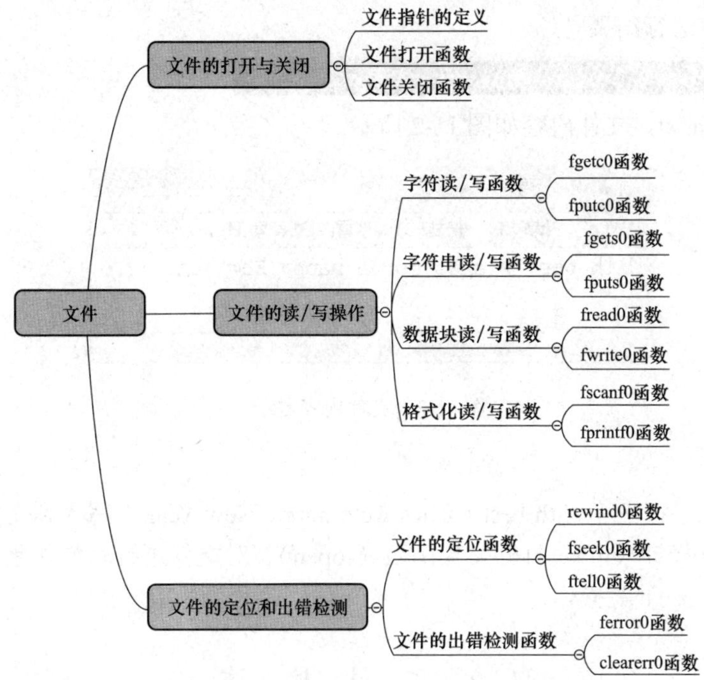

图 11-1　第 11 章思维导图

11.1　问题提出与程序示例

1. 问题描述

将字符串“With best wishes for a happy New Year.”写入文件中的问题。把字符串的内容保存到磁盘文件 wish.txt 中。程序运行后，在应用程序所在的目录下，新建了一个 wish.txt 文件，可以用记事本（或其他文本编辑工具）打开文件进行查看，文件内容是“With best wishes for a happy New Year.”。

2. 程序代码

```
源程序
#include "stdio.h"
#include "process.h"                              /*包含过程控制函数的头文件 */
/*把字符串保存到文件 wish.txt 中*/
void main( )
{
    FILE *fp;                                     /*定义文件指针*/
    if((fp=fopen("wish.txt", "w"))==NULL)         /*打开文件*/
    {   printf("Cannot open this file !");
        exit(0);                     /*调用过程控制函数 exit( ), 终止当前运行的程序*/
    }
    printf("%s", "With best wishes for a happy New Year.\n");
                                                  /*屏幕上显示字符串内容*/
    /*将字符串写入文件 wish.txt 中*/
    fprintf(fp, "%s", "With best wishes for a happy New Year.\n");
    fclose(fp);                                   /*关闭文件*/
}
```

屏幕显示程序运行结果

```
With best wishes for a happy New Year.
```

打开文件 wish.txt，文件内容如图 11-2 所示。

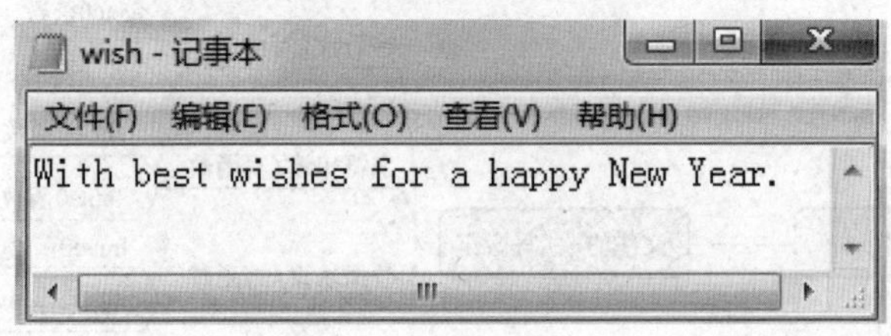

图 11-2　文件内容显示

3. 程序说明

程序实现了把字符串“With best wishes for a happy New Year.”写入到文件 wish.txt 的操作，主要涉及文件指针（fp）、打开文件函数（fopen）、对文件进行写操作函数（fprintf）和关闭文件函数（fclose）等操作。

11.2　文　件　概　述

C 语言把文件看作是一个字符（或字节）的序列，即由一个一个字符（或字节）的数据顺序组成文件。根据数据的组织形式，C 语言的文件可分为：

（1）ASCII 码文件，又称为文本（text）文件或字符文件，它的每一个字节存放一个 ASCII 码值，代表一个字符。一般占存储空间较多，而且要花费转换时间（二进制形式与 ASCII 码间的转换）。

（2）二进制文件，是把数据按二进制的编码方式来存放，按其在内存中的存储形式直接进行传输和保存。一般中间结果数据常用二进制文件保存，不需要直接显示或编辑的数据文件也可以采用二进制文件。

C 语言对文件的操作是建立在“文件指针”基础上的。系统在内存中为每个被使用的文件开辟一个缓冲区，用来存放文件的有关信息（如：文件的名字、文件状态及文件当前位置等）。这些信息是保存在一个结构体变量中的。该结构体类型是由系统定义的，取名为 FILE。文件指针是指向保存这些信息的结构体变量的结构体类型指针。

文件指针定义的一般形式：

FILE *指针变量标识符;

注意：

- FILE 必须大写。FILE 是定义在 stdio.h 文件中的一个结构体类型。

例如：

```
FILE *fp;
```

说明：fp 是一个指向 FILE 类型结构体的指针变量。可以使 fp 指向某一个文件有关信息的结构体变量，从而通过该结构体变量中的文件信息来访问该文件。也就是说，通过文件指针变量就能够对与它对应的文件进行操作。

如果有 n 个同时使用的文件，一般应设 n 个指向 FILE 类型结构体的指针变量，使它们分别指向 n 个文件，以实现对文件的访问。

11.3 文件的打开与关闭

对文件的操作的一般步骤为：打开文件、对文件进行读/写、关闭文件。下面介绍文件的打开与关闭的操作。

11.3.1 文件打开函数 fopen( )

对一个文件进行操作以前，必须首先要打开该文件并使文件指针指向文件，即建立文件指针与文件之间的关联，以便后面通过文件指针对文件进行操作。文件打开操作使用库函数 fopen( )来完成。

fopen( )函数调用的一般形式：

```
文件指针变量名=fopen(文件名，打开方式);
```

例如：

```
FILE *fp;
fp=fopen("data.txt", "r");
```

即：以只读方式打开了文本文件 data.txt。

文件的使用方式及含义见表 11-2。

表 11-2 文件的使用方式及含义

使用方式		含　义
文本文件	二进制文件	
"r"	"rb"	读方式。要求打开的文件必须存在且允许读
“w”	“wb”	写方式。新建一个文件，无论该打开的文件是否存在
“a”	“ab”	追加方式。（1）若打开的文件存在，则从文件尾追加数据，原有内容保留；（2）若打开的文件不存在，则建立该文件
“r+”	“rb+”	读写方式。要求打开的文件必须存在，且可读可写
“w+”	“wb+”	读写方式。首先建立新文件，进行写操作，随后再读。若文件存在，则原内容消失
"a+"	"ab+"	追加读写方式。与“a”和 “ab”相同，但追加数据后，可以从头读（“a+”），或从指定位置开始读（“ab+”）

文件打开后，fopen( )函数返回一个指向被打开文件的指针。如果不能实现打开指定文件的操作，则 fopen( )函数返回一个空指针 NULL（其值在 stdio.h 中被定义为 0）。

为增强程序的可靠性，常用下面的方法打开一个文件：

```
if((fp=fopen("文件名", "打开方式"))==NULL)
{  printf("can not open this file\n");
   exit(0);
}
```

其中 exit( )函数的作用是：关闭已打开的所有文件，结束程序运行，返回操作系统，并将“程序状态值”返回给操作系统。当“程序状态值”为 0 时，表示程序正常退出；非 0 值时，表示程序出错退出。

11.3.2 文件关闭函数 fclose( )

在使用完一个文件后应该关闭它，以防止它再被误用。“关闭”就是使文件指针变量不指向该文件，也就是文件指针变量与文件“脱钩”，以后不能再通过该指针对原来与其相联系的文件进行读/写操作。除非再次打开，使该指针变量重新指向该文件。

用 fclose( )函数关闭文件。fclose( )函数调用的一般形式为：

```
fclose(文件指针);
```

例如：

```
fclose(fp);
```

前面通过打开文件（用 fopen( )函数）带回的指针赋给了文件指针 fp，现在通过 fp 把该文件关闭。即 fp 不再指向该文件。

应该养成在程序终止之前关闭所有文件的习惯，如果不关闭文件将会丢失数据。

fclose( )函数也带回一个值，当顺利地执行了关闭操作，则返回值为 0；否则返回 EOF(–1)。

11.4 文 件 的 读/写

文件打开后，对文件的操作就是读和写操作，对一个文件的读或写是指从文件的某个位置读出数据或将数据写入文件的某个位置，因此文件中存在着一个读/写位置指针（简称“读/写指针”），它总是指向当前读/写的位置。

11.4.1 读/写字符函数 fgetc( )和 fputc( )

1. 读字符函数

函数 fgetc( )的一般格式如下：

```
fgetc(文件指针);
```

功能：从文件指针指向的磁盘文件中读入一个字符。

例如：

```
ch=fgetc(fp);
```

从文件指针 fp 所指向的文件中读一个字符赋值给 ch。

在调用 fgetc( )函数时，读取的文件必须是以读或读写方式打开的。如果在执行 fgetc( )函数读字符时遇到文件结束符，函数返回一个文件结束标志 EOF（–1）。

从一个文件中顺序读入字符并在屏幕上显示的程序段可如此编写：

```
while((ch=fgetc(fp))!=EOF)
    putchar(ch);
```

【例 11.1】显示 11.1 节程序示例中创建的 wish.txt 文件内容。

```
源程序
#include "stdio.h"
#include "process.h"
void main( )
{
```

```
    FILE *fp;
    char ch;
    if((fp=fopen("wish.txt", "r"))==NULL)
    {   printf("can not open source file\n");
        exit(0);
    }
    while((ch=fgetc(fp))!=EOF)          /*顺序读入文件的内容*/
           putchar(ch);                 /*输出文件的内容*/
    fclose(fp);                         /*关闭文件*/
}
```

若文件 wish.txt 已经建好，运行结果 1

```
With best wishes for a happy New Year.
```

若文件 wish.txt 没有建好，运行结果 2

```
can not open source file
```

2. 写字符函数

函数 fputc( )的一般格式如下：

```
fputc(字符数据, 文件指针);
```

其中，“字符数据”可以是一个字符常量，也可以是一个字符变量。

功能：向文件指针所指向的文件写入一个字符。

【例 11.2】从键盘输入一系列字符，逐个把它们写入文件，以“#”为结束符。

```
源程序
#include "process.h"
#include <stdio.h>
void main( )
{   FILE *fp;
    char ch, filename[12];
    printf("Input the filename:  ");
    scanf("%s", filename);   /*输入文件名，假设文件名为 test.txt*/
    getchar( ); /*键盘输入一个字符*/
    if((fp=fopen(filename, "w"))==NULL)
    {   printf("cannot open file:  %s \n", filename);
        exit(0);
    }
   while((ch=getchar( ))!='#')   /*字符#为结束标志*/
        fputc(ch, fp); /*将字符 ch 写入到文件 test.txt 中*/
   fclose(fp);
}
```

运行结果

首先从键盘输入文件名 test.txt，然后从键盘输入一系列字符“Wish you a happy life，happy every day!#”后，每一个字符逐个写入文件中，当遇到“#”字符结束，test.txt 文件内容如图 11-3 所示。

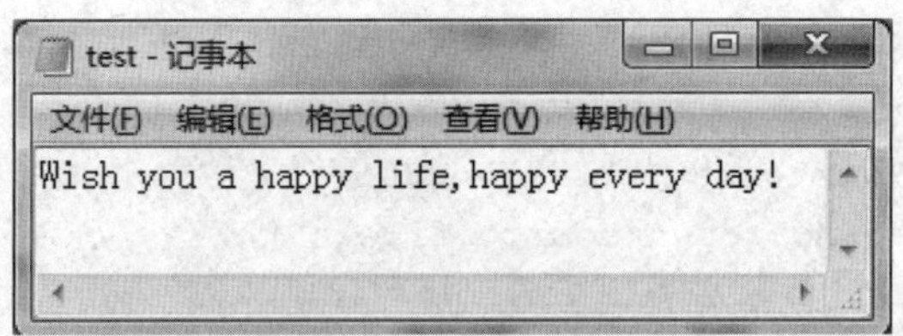

图 11-3 ［例 11.2］的运行结果

【例 11.3】实现文件的复制。

```
源程序
#include "process.h"
#include <stdio.h>
void main( )
{   FILE *fp1, *fp2;
    char ch, f1[12], f2[12];    /*f1 数组存放源文件名, f2 数组存放目标文件名*/
    printf("Input the input filename:  ");
    scanf("%s", f1);                 /*输入源文件名, 假设源文件名为 source.txt*/
    printf("Input the output filename:  ");
    scanf("%s", f2);                 /*输入目标文件名, 假设目标文件名为 object.txt*/
    if((fp1=fopen(f1, "r"))==NULL)  /*对源文件进行读操作*/
      { printf("cannot open infile\n");
        exit(0);  }
    if((fp2=fopen(f2, "w"))==NULL)  /*对目标文件进行写操作*/
      { printf("cannot open file:  %s \n", f2);
        exit(0);  }
    while((ch=fgetc(fp1))!=EOF)
        fputc(ch, fp2);
    printf("File copy completed! \n");
    fclose(fp1);                     /*关闭文件*/
    fclose(fp2);
}
```

运行结果

```
Input the input filename: source.txt
Input the output filename: object.txt
File copy completed!
```

3. 文件结束标志

（1）EOF。EOF 是在 stdio.h 文件中定义的符号常量，值为–1。是文本文件的结束标志。如果在执行 fgetc 函数读字符时遇到文件结束符，函数返回一个文件结束标志 EOF。

（2）feof（fp）。对于二进制文件可以用 feof（fp）函数来测试 fp 所指向的文件当前状态是否“文件结束”。如果是文件结束，函数 feof（fp）的值为 1（真），否则为 0（假）。这种方法也适用于文本文件。

11.4.2 读/写字符串函数 fgets( )和 fputs( )

1. 读字符串函数

函数 fgets( )调用格式如下：

```
char  *fgets(字符指针，串长度，文件指针);
```

其中，“字符指针”是读入字符串存放的位置；“串长度”指一次从源文件读出字符的个数，如果串长度为n，那么从源文件读出的字符数是n–1，因为要包括字符串结束符'\0'。

功能：从文件指针所指向的文件中读入一个字符串，存入“字符指针”中。

2. 写字符串函数

函数 fputs( )调用格式如下：

```
fputs(字符串，文件指针)；
```

其中，“字符串”可以是字符串常量、字符数组或字符指针变量。

功能：向文件指针所指向的文件写入一个字符串。

【例 11.4】从键盘输入三行字符串，存入文件 ss.txt 中，再将 ss.txt 的内容读出来显示在屏幕上。

```
源程序
#include "process.h"
#include <stdio.h>
void main( )
{
    int  i;
    char str[81];
    FILE *fp;
    fp=fopen("ss.txt", "w");           /*打开文件，对文件进行写操作*/
    if(fp==NULL)
    {
        puts("无法打开文件！\n");
        exit(0);
    }
    puts("please input the string : \n");
    for(i=0; i<3; i++)
    {
        gets(str);                     /*键盘输入字符串*/
        fputs(str, fp);                /*将键盘输入的字符串写入文件中*/
        fputs("\n", fp);               /*将字符‘\n’写入文件中*/
    }
    fclose(fp);
    puts("content of the file is: \n");
    if((fp=fopen("ss.txt", "r"))==NULL)    /*打开文件，对文件进行读操作*/
    {
        printf("无法打开文件！\n");
        exit(0);
    }
    /*从 fp 所指的文件中读入一个字符串，存入 str 字符数组中*/
    while(fgets(str, 81, fp)!=NULL)
        printf("%s", str);                 /*输出 str 字符数组中字符串*/
        fclose(fp);
}
```

运行结果

```
please input the string :

With best wishes for a happy New Year.
Thank you for all you have done for us.
Best wishes  for you.
content of the file is:

With best wishes for a happy New Year.
Thank you for all you have done for us.
Best wishes  for you.
```

11.4.3 数据块读/写函数 fread( )和 fwrite( )

1. 数据块读函数

fread( )函数的调用格式如下：

```
fread(void *buffer, int size, int count, FILE *fp);
```

其中，buffer 是一个指针，是读入数据的起始地址。

功能：从文件指针 fp 所指向的文件读取 count 个数据项。每个数据项的长度是 size 个字节，并把它们放入首地址为 buffer 的内存空间。

2. 数据块写函数

fwrite( )函数的调用格式如下：

```
fwrite(void *buffer, int size, int count, FILE *fp);
```

其中，buffer 是一个指针，是输出数据的起始地址。

功能：向文件指针 fp 所指向的文件写入首地址为 buffer 的 count 个数据项。每个数据项的长度是 size 个字节。

【例 11.5】利用 fwrite( )函数，向文件 stu.txt 写数据。

```
源程序
#include "process.h"
#include <stdio.h>
struct student                    /* 定义结构体数据类型 student */
{   int num;
    char name[10];
    char sex;
    float score;
};
struct student s[5]={{101, "李萍", 'F', 48}, {102, "陈铭", 'M', 82.5}, {103,
"李宇", 'M', 63.5}, {104, "王芳", 'F', 54}, {105, "何宝", 'M', 86}};
                                  /* 定义结构体数组 s, 并赋初值*/
void main( )
{
    FILE *fp;
    if((fp=fopen("stu.txt", "wb"))==NULL)
    {   printf("Cannot open file!");
        exit(0);   }
    fwrite(s, sizeof(struct student), 5, fp);
                                  /*利用 fwrite( )函数, 向文件写数据*/
   fclose(fp);
}
```

运行结果

运行结果如图 11-4 所示。

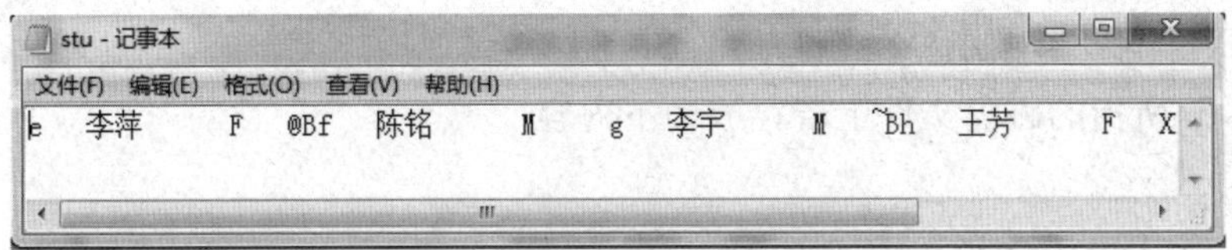

图 11-4　[例 11.5] 的运行结果

程序中对文件进行的操作是二进制的写操作，文件内容是按照二进制编码方式进行存放的。

【例 11.6】利用 fread( )函数，从 stu.txt 文件读取数据，并显示在屏幕上。

源程序

```
#include "process.h"
#include <stdio.h>
struct student                  /* 定义结构体数据类型 student */
{   int num;
    char name[10];
    char sex;
    float score;
}s[5];
void main( )
{
    FILE *fp;
    int i;
    if((fp=fopen("stu.txt", "rb"))==NULL)
    {   printf("Cannot open file!");
        exit(0);
    }
    fread(s, sizeof(struct student), 5, fp);       /*从 stu.txt 文件读取数据*/
    for(i=0; i<5; i++)       / *将读取数据显示在屏幕上*/
        printf("%5d %8s %3c %.0f\n", s[i].num, s[i].name, s[i].sex, s[i].score);
    fclose(fp);
}
```

运行结果

```
101     李萍    F 48
102     陈铭    M 83
103     李宇    M 64
104     王芳    F 54
105     何宝    M 86
```

11.4.4　格式化读/写函数 fscanf( )和 fprintf( )

1. 格式化读函数

scanf( )函数调用格式如下：

```
fscanf(文件指针, "格式字符串", 输入列表);
```

功能：将文件指针对应的文件中的数据按照“格式字符串”的要求输入到输入列表所指

的变量中。

例如：

```
fscanf(fp, "%f, %d", &x, &y);
```

文件指针 fp 所指的磁盘文件上若存放如下内容：

```
5.5, 6
```

则将磁盘文件中的数据 5.5 赋值给 x，数据 6 赋值给 y。

2. 格式化写函数

fprintf( )函数调用格式如下：

```
fprintf(文件指针, "格式字符串", 输出列表);
```

功能：将输出列表的内容按照“格式字符串”的要求输出到指定的文件中。

例如：

```
int i=3;  float f=9.80;
fprintf(fp, "%2d, %6.2f", i, f);
```

fprintf( )函数的作用是，将变量 i 按%2d 格式，变量 f 按%6.2f 格式，以逗号作分隔符，输出到 fp 所指向的文件中。

注意：

- fscanf( )和 fprintf( )与 scanf( )和 printf( )都是格式化读写函数。不同之处 fscanf( )和 fprintf( )的读写对象不是键盘和显示器而是磁盘文件。

11.5 文件的定位

在对文件进行读/写时，只能从头开始，顺序读写各个数据，文件位置指针自动向后移动指向下一个字符位置。但在实际中常要求只读/写文件中某一指定的部分。为了解决这个问题，就要强制使文件位置指针移到需要读/写的位置，再进行读/写，这种读/写方式是要按要求移动位置指针，称为文件的定位。

11.5.1 rewind( )函数

rewind( )函数调用格式如下：

```
rewind(文件指针);
```

功能：使位置指针重新返回文件的开头。

【例 11.7】把两个整数写入文件中，再从文件中读出来并求和，输出此和值。

```
源程序
#include "process.h"
#include <stdio.h>
void main( )
{
    int  a, b, c, d, s=0;
    FILE *fp;
    if((fp=fopen("file.dat", "w+"))==NULL)      /*写方式打开文件*/
    {   printf("Cannot open file!");
```

```
        exit(0);  }
    printf("please input two numbers : \n");
    scanf("%d%d", &a, &b);
    fprintf(fp, "%d %d", a, b);
    rewind(fp);                         /*使文件的位置指针返回到文件头*/
    fscanf(fp, "%d%d", &c, &d);
    s=c+d;
    printf("s=%d\n", s);
    fclose(fp);
}
```

运行结果

```
please input two numbers :
10 20
s=30
```

11.5.2　fseek( )函数

fseek( )函数调用格式如下：

```
fseek(文件指针, 位移量, 参照点);
```

其中：位移量以参照点为起点，向前（当位移量>0 时）或后（当位移量<0 时）移动的字节数。参照点的含义见表 11-3。

表 11-3　参 照 点 的 含 义

起始位置	名字	数字表示
文件开始	SEEK_SET	0
文件当前位置	SEEK_CUR	1
文件末尾	SEEK_END	2

功能：将指定文件的位置指针，从参照点开始，移动指定字节数。fseek( )函数一般用于二进制文件。

【例 11.8】 读出 stu.txt 文件中第 3 个学生的数据。

```
源程序
#include "process.h"
#include <stdio.h>
struct student                          /* 定义结构体数据类型 student */
{   int num;
    char name[10];
    char sex;
    float score;
}s[5], *p=s;
void main( )
{
    FILE *fp;
    if((fp=fopen("stu.txt", "rb"))==NULL)
    {   printf("Cannot open file!");
        exit(0);
    }
```

```
    fseek(fp, 2*sizeof(struct student), 0);     /*文件指针移动到第3个数据位置 */
    fread(p, sizeof(struct student), 1, fp);    /*从 stu.txt 文件读取数据*/
    printf("%5d %8s %3c %.0f\n", p->num, p->name, p->sex, p->score);
    fclose(fp);
}
```

运行结果

```
 103     李宇   M 64
```

11.5.3 ftell( )函数

ftell( )函数调用格式如下：

```
ftell(文件指针);
```

功能：返回文件位置指针的当前位置，用相对于文件开头的位移量来表示。如果发生错误则返回值为–1。

例如：

```
i=ftell(fp);
if(i==-1L)printf(" error\n");
```

此程序段功能是用变量 i 存放指针的当前位置，如果 ftell( )函数出错，则输出“error”。

【例 11.9】将字符串输出到文件中，并输出文件的长度。

```
源程序
#include<stdio.h>
void main( )
{
    FILE *fp = fopen("test.txt", "w+");
    fprintf(fp, "www.dotcpp.com");
    printf("The file pointer is at byte %ld\n", ftell(fp));
    fclose(fp);
 }
```

运行结果

```
The file pointer is at byte 14
```

11.6 文件的出错检测

11.6.1 ferror( )函数

ferror( )函数调用格式如下：

```
ferror(文件指针);
```

功能：检查文件读/写函数对文件进行读/写时是否出错。如果 ferror( )函数的返回值为 0，表示未出错；如果返回一个非 0 值，表示出错。

11.6.2 clearerr( )函数

clearerr( )函数调用格式如下：

```
clearerr(文件指针);
```

功能：将文件错误标志（即 ferror( )函数的值）和文件结束标志（即 feof( )函数的值）置

为0。对同一文件，只要出错就一直保留，直至遇到 clearerr( )函数或 rewind( )函数或其他任何一个输入/输出库函数。

【例 11.10】检查 fp 所指的文件 1.txt 中有无读/写错误，若有错误，输出错误信息。

```
源程序
#include<stdio.h>
void main( )
{
    FILE *fp;
    fp = fopen("1.txt", "w");          /*以只写的方式打开文件，此文件是不可读的*/
    getc(fp);                          /*读取文件的一个字符*/
    if(ferror(fp)){                    /*判断文件中是否有错误 */
        printf("Error reading from 1.txt\n");
        clearerr(fp);                  /*复位错误指针*/ }
   fclose(fp);
 }
```

运行结果

```
Error reading from 1.txt
```

习题

一、选择题

1．C 语言中可以处理的文件类型是（　　）。

A）文本文件和数据文件　　B）文本文件和二进制文件

C）数据文件和二进制文件　　D）以上都不对

2．在 C 语言中，对文件操作的一般步骤是（　　）。

A）打开文件，操作文件，关闭文件　　B）操作文件，修改文件，关闭文件

C）读/写文件，打开文件，关闭文件　　D）读文件，写文件，关闭文件

3．在进行文件操作时，写文件的一般含义是（　　）。

A）将计算机内存中的信息存入磁盘　　B）将磁盘中的信息存入计算机内存

C）将计算机 CPU 中的信息存入磁盘　　D）将磁盘中的信息存入计算机 CPU

4．函数调用语句：fseek（fp，–10L，1）的含义是（　　）。

A）将文件的位置指针移到距离文件头 10 个字节处

B）将文件位置指针从文件尾处向后退 10 个字节处

C）将文件位置指针从当前位置向后移动 10 个字节

D）将文件位置指针移到离当前位置 10 个字节处

5．若要用 fopen( )函数打开一个新的二进制文件，该文件要既能写又能读，则文件方式字符串应该是（　　）。

A）"ab+"　　B）"wb+"　　C）"rb+"　　D）"ab"

6．fp 是一个文件指针，且已读到文件末尾，则库函数 feof（fp）的返回值是（　　）。

A）EOF　　B）–1　　C）非 0 值　　D）NULL

7．函数调用形式：fread（buff，size，count，fp）；其中 buff 代表的是（　　）。

A）一个整型变量，代表要读入的数据项总数

B）一个文件指针，指向要读的文件

C）一个指针，指向要读入数据的存放地址

D）一个存储区，存放要读的数据项

8．fscanf 函数的正确调用形式是（　　）。

A）fscanf（文件指针，格式字符串，输出表列）

B）fscanf（格式字符串，输出表列，文件指针）

C）fscanf（格式字符串，文件指针，输出表列）

D）fscanf（文件指针，格式字符串，输入表列）

9．fwrite 函数的一般调用形式是（　　）。

A）fwrite（buffer，count，size，fp）;　　B）fwrite（fp，size，count，buffer）;

C）fwrite（fp，count，size，buffer）;　　D）fwrite（buffer，size，count，fp）;

10．执行如下程序后，abc 文件的内容是（　　）。

```
#include<stdio.h>
void main( )
{
    FILE *fp;
    char *str1=" first";
    char *str2=" second";
    if((fp=fopen("abc", "w+"))==NULL)
    {
        printf("can't open abc file\n");
        exit(1);
    }
    fwrite(str2, 6, 1, fp);
    fseek(fp, 0L, SEEK_SET);
    fwrite(str1, 5, 1, fp);
    fclose(fp);
}
```

A）first　　B）second　　C）firstd　　D）为空

二、填空题

1．有如下程序，若文本文件 data.txt 中原有内容为：Good，则运行程序后文件 data.txt 中的内容为__________。

```
#include<stdio.h>
void main( )
{
    FILE *fp;
    fp=fopen("data.txt", "w");
    fprintf(fp, " China");
    fclose(fp);
}
```

2．以下程序将数组 a 的 4 个元素和数组 b 的 6 个元素写到名为 lett.dat 的二进制文件中，请填空。

```
#include "stdio.h"
#include "process.h"
void main( )
```

```
{   FILE   *fp;
    char a[ ]="1234", b[ ]="abcedf";
    if((fp=fopen("_________", "wb"))==NULL)exit(0);
    fwrite(a, sizeof(char), 4, fp);
    fwrite(b, 6, 1, fp);
    fclose(fp);
}
```

3．以下程序段打开文件后，先利用 fseek 函数将文件位置指针定位在文件末尾，然后调用 ftell 函数返回当前文件位置指针的具体位置，从而确定文件长度，请填空。

```
#include "stdio.h"
#include "process.h"
void main( )
{   FILE *myf;
    long f1;
    myf=_________("test.txt", "rb");
    fseek(myf, 0, SEEK_END); f1=ftell(myf);
    fclose(myf);
    printf("%d\n", f1); }
```

4．以下程序的输出之后文件 bit.txt 中的内容是____________。

```
#include<stdio.h>
void main( )
{
    FILE *fp; int i, k=0, n=0;
    fp=fopen("bit.txt", "w");
    for(i=1; i<10; i++)
       fprintf(fp, " %d", i);
    fclose(fp);
    fp=fopen("bit.txt", "r");
    fscanf(fp, " %d%d", &k, &n);
    printf("%d, %d\n", k, n);
    fclose(fp);
}
```

5．下面程序用变量 count 统计文件 old.txt 中字符的个数。请填入恰当的内容。

```
#include "stdio.h"
#include "process.h"
void main( )
{
    FILE *fp;
    int count=0;
    if((fp=fopen("old.txt", _________))==NULL)
    {   printf("cannot open file\n");
        exit(0);
    }
    while( !feof( fp))
    { _________;  count++; }
    printf("count=%d\n", count);
    fclose(fp);
}
```

三、编程题

1．请编程：从键盘输入一个字符串，将其中的小写字母全部转换成大写字母，输出到磁盘文件"upper.txt"中保存。输入的字符串以"！"结束，然后再将文件"upper.txt"中的内容读出显示在屏幕上。

2．请编程实现文件的拷贝。即将源文件拷贝到目标文件。源文件名 sourcefile.txt，目标文件名 targetfile.txt。

3．设文件"number.txt"中存放了一组整数，请编程统计并输出文件中正整数、零和负整数的个数。

第 11 章　习题答案

附录 A　常用字符与 ASCII 代码对照表

码值	字符	码值	字符	码值	字符	码值	字符
0	NUL（空）	32	空格	64	@	96	`
1	SOH（文件头开始）	33	!	65	A	97	a
2	STX（文件开始）	34	"	66	B	98	b
3	ETX（文件结束）	35	#	67	C	99	c
4	EOT（传输结束）	36	$	68	D	100	d
5	END（询问）	37	%	69	E	101	e
6	ACK（确认）	38	&	70	F	102	f
7	BEL（响铃）	39	'	71	G	103	g
8	BS（后退）	40	(	72	H	104	h
9	HT（水平跳格）	41	)	73	I	105	i
10	LF（换行）	42	*	74	J	106	j
11	VT（垂直跳格）	43	+	75	K	107	k
12	FF（格式馈给）	44	,	76	L	108	l
13	CR（回车）	45	-	77	M	109	m
14	SO（向外移出）	46	.	78	N	110	n
15	SI（向内移入）	47	/	79	O	111	o
16	DLE（数据传送换码）	48	0	80	P	112	p
17	DC1（设备控制 1）	49	1	81	Q	113	q
18	DC2（设备控制 2）	50	2	82	R	114	r
19	DC3（设备控制 3）	51	3	83	S	115	s
20	DC4（设备控制 4）	52	4	84	T	116	t
21	NAK（否定）	53	5	85	U	117	u
22	SYN（同步空闲）	54	6	86	V	118	v
23	ETB（传输块结束）	55	7	87	W	119	w
24	CAN（取消）	56	8	88	X	120	x
25	EM（媒体结束）	57	9	89	Y	121	y
26	SUB（减）	58	:	90	Z	122	z
27	ESC（退出）	59	;	91	[	123	{
28	FS（域分隔符）	60	<	92	\	124	|
29	GS（组分隔符）	61	=	93	]	125	}
30	RS（记录分隔符）	62	>	94	^	126	~
31	US（单元分隔符）	63	?	95	_	127	DEL

附录B 运算符的优先级及其结合性

<table>
<tr><th>优先级</th><th>运算符</th><th>名称</th><th>结合性</th></tr>
<tr><td>1</td><td>()
[ ]
->
.</td><td>圆括号
下标运算符
指向结构体成员运算符
结构体成员运算符</td><td>自左至右</td></tr>
<tr><td>2</td><td>!
~
++
– –
–
（类型）
*
&
sizeof</td><td>逻辑非运算符
按位取反运算符
增 1 运算符
减 1 运算符
负号运算符
类型转换运算符
指针运算符
取地址运算符
长度运算符</td><td>自右至左</td></tr>
<tr><td>3</td><td>*
/
%</td><td>乘法运算符
除法运算符
取模运算符</td><td>自左至右</td></tr>
<tr><td>4</td><td>+
–</td><td>加法运算符
减法运算符</td><td>自左至右</td></tr>
<tr><td>5</td><td><<
>></td><td>左移运算符
右移运算符</td><td>自左至右</td></tr>
<tr><td>6</td><td>< <= > >=</td><td>关系运算符</td><td>自左至右</td></tr>
<tr><td>7</td><td>==
!=</td><td>等于运算符
不等于运算符</td><td>自左至右</td></tr>
<tr><td>8</td><td>&</td><td>按位与运算符</td><td>自左至右</td></tr>
<tr><td>9</td><td>^</td><td>按位异或运算符</td><td>自左至右</td></tr>
<tr><td>10</td><td>|</td><td>按位或运算符</td><td>自左至右</td></tr>
<tr><td>11</td><td>&&</td><td>逻辑与运算符</td><td>自左至右</td></tr>
<tr><td>12</td><td>||</td><td>逻辑或运算符</td><td>自左至右</td></tr>
<tr><td>13</td><td>? :</td><td>条件运算符</td><td>自右至左</td></tr>
<tr><td>14</td><td>= += –+ *= /= %=
>>= <<= &= ^= |=</td><td>赋值运算符</td><td>自右至左</td></tr>
<tr><td>15</td><td>,</td><td>逗号运算符</td><td>自左至右</td></tr>
</table>

附录C 常用的C库函数

1．输入输出函数 stdio.h

函数名称	功 能	函数原型
scanf( )	用于格式化输入	int scanf（char *format [，argument，...]）;
printf( )	用于格式化输出	int printf（char *format...）;
gets( )	读取一个字符串	char *gets（char *str）;
puts( )	输出一个字符串	int puts（char *str）;
getchar( )	读入一个字符	int getchar（void）;
putchar( )	输出一个字符	int putchar（int ch）;
fclose( )	关闭文件，刷新所有的缓冲区	int fclose（FILE *stream）;
fopen( )	打开一个流，若出错，返回 NULL	FILE *fopen（char *filename，char *mode）;
feof( )	检查文件是否结束	int feof（FILE *stream）;
fgetc( )	从文件中读取一个字符	int fgetc（FILE *stream）;
fputc( )	将一个字符输出到文件中	int putc（int ch，FILE *stream）;
fgets( )	从文件中取一个长度为 n-1 的字符串	char *fgets（char *s，int n，FILE *stream）;
fputs( )	将字符串输出到文件中	int fputs（char *str，FILE *stream）;
fscanf( )	文件中的数据按 format 规定的格式存入到内存中去	int fscanf（FILE *stream，char *format [，argument...]）;
fprintf( )	以 format 指定的格式输出到指向的文件中	int fprintf（FILE *stream，char *format [，argument，...]）;
fread( )	从所给的文件中读取 n 项数据，每一项数据长度为 size 字节，到由 ptr 所指的块中	int fread（void *ptr，int size，int nitems，FILE *stream）;
fwrite( )	从指针 ptr 把 n 个数据项添加到给定文件中，每个数据项的长度为 size 个字节	int fwrite（void *ptr，int size，int nitems，FILE *stream）;
getw( )	从文件中读取一整数	int getw（FILE *strem）;
putw( )	把一字符或字输出到文件中	int putw（int w，FILE *stream）;
fseek( )	设置与文件相联系的文件指针到新的位置，新位置与 fromwhere 给定的文件位置的距离为 offset 字节	int fseek（FILE *stream，long offset，int fromwhere）;
rewind( )	将文件指针重新指向一个文件的开头	int rewind（FILE *stream）;
ftell( )	若成功，返回当前文件指针的位置；若出错，返回−1L	long ftell（FILE *stream）;
ferror( )	检测文件上的错误，若检测到给定文件上的错误返回非 0 值	int ferror（FILE *stream）;
clearerr( )	复位错误标志	void clearerr（FILE *stream）;

2. 数学函数 math.h

函数名称	功能	函数原型
sin( )	正弦函数，返回 x 弧度的正弦值	double sin（double x）；
cos( )	余弦函数，返回 x 弧度的余弦值	double cos （double x）；
exp( )	求底数 e 的 x 次方	double exp（double x）;
abs( )	求整数的绝对值	int abs（int i）;
fabs( )	求浮点数的绝对值	double fabs（double x）;
labs( )	取长整型绝对值	long labs（long n）;
fmod( )	计算 x 对 y 的模，即 x/y 的余数	double fmod（double x，double y）;
modf( )	求双精度数的小数部分	double modf（double value，double *iptr）;
ceil( )	向上舍入，返回用双精度表示的 >= x 的最小的整数	double ceil（double x）;
floor( )	向下舍入，返回用双精度浮点数表示的 <=x 的最大的整数	double floor（double x）;
pow( )	指数函数（x 的 y 次方）	double pow（double x，double y）;
sqrt( )	计算一个非负实数的平方根	double sqrt（double x）;
tan( )	正切函数	double tan（double x）;
log( )	求以自然数为底数的对数	double log（double x）;
log10( )	指定数值的以 10 为底数的对数	double log10（double x）;
ldexp( )	计算指定的 2^exp 倍数	double ldexp（double value，int exp）;

3. 字符函数 ctype.h

函数名称	功能	函数原型
isalnum( )	判断字符是否为字母或数字	int isalnum（int ch）;
isalpha( )	判断字符是否为英文字母	int isalpha（int ch）;
isdigit( )	判断字符是否为十进制数字	int isdigit（int ch）;
iscntrl( )	判断字符是否为控制字符	int iscntrl（int ch）;
isgraph( )	判断字符是否除空格外的可打印字符	int isgraph（int ch）;
islower( )	判断字符是否为小写英文字母	int islower（int ch）;
isupper( )	判断字符是否为大写英文字母	int isupper（int ch）;
tolower( )	把大写字母转换为小写字母，不是大写字母的不变	int tolower（int ch）;
toupper( )	把小写字母转换为大写字母，不是小写字母的不变	int touppper（int ch）;
toascii( )	把一个字符转换为 ASCII，其实就是把八位二进制的最高变成 0	int toascii（int ch）;
isxdigit( )	判断字符是否为十六进制数字（0—9）（a—f）（A—F）	int isxdigit（int ch）;
ispunct( )	判断字符是否为标点符号	int ispunct（int ch）;

4. 字符串函数 string.h

函数名称	功　能	函数原型
strcpy( )	拷贝一个字符串到另一个字符串数组中	char *strcpy(char *destin，const char *source)；
strcat( )	将一个字符串连接在目标字符串的后面	char *strcat(char *destin，const char *source)；
strcmp( )	比较两个字符串，str1<str2，返回值为负数 str1==str2，返回值为 0 Str1>str2，返回值为正数	int strcmp（const char *str1，const char *str2)；
strlen( )	计算字符串长度	int strlen（const char *str)；
strlwr( )	将字符串中的大写字母全部转换成小写形式	char *strlwr（char *str)；
strupr( )	将字符串中的小写字母全部转换成大写形式	char *strupr（char *str)；

5. 动态存储分配函数 stdlib.h

函数名称	功　能	函数原型
malloc( )	分配指定大小的内在分配	void *malloc（unsigned size)；
calloc( )	分配 n 个大小为 size 字节的连续内存空间	void *calloc（n，unsigned size)；
free( )	用于释放已分配的内存块	void free（void *block)；
realloc( )	用于重新分配指定大小的内存空间	void *realloc（void *p，unsigned size)；
rand( )	返回产生的随机整数	int rand（void)；
srand( )	初始化随机数的发生器	void srand（unsigned seed）；
strtod( )	将字符串转换为浮点数	double strtod（char *s，char **ptr)；
strtol( )	将字符串换成长整型数	long strtol（char *s，char **ptr，int radix)；
exit( )	用于正常终止程序	void exit（int status)；
system( )	用于发出一个 DOS 命令	int system（char *command)；

6. 时间相关函数 time.h

函数名称	功　能	函数原型
asctime( )	将给定的日期和时间转换成 ASCII 码	char *asctime（const struct tm *t)；
clock( )	用于确定处理器时间	clock（void)；
ctime( )	把日期和时间转换为字符串	char *ctime（const time_t *time)；
time( )	获取系统时间	long time（long *t)；
difftime( )	计算两个时刻之间的时间差	double difftime（time_t time1，time_t time2)；

参 考 文 献

[1] 谭浩强．C 语言程序设计．5 版．北京：清华大学出版社，2017.
[2] 谭浩强．C 程序设计（第五版）学习辅导．北京：清华大学出版社，2017.
[3] K. N. 金．C 语言程序设计：现代方法．2 版．北京：人民邮电出版社，2021.
[4] Brian W. Kernighan．C 程序设计语言．北京：机械工业出版社，2019.
[5] 教育部考试中心．C 语言程序设计．北京：清华大学出版社，2017.
[6] 何钦铭，颜晖．C 语言程序设计．北京：高等教育出版社，2018.
[7] 颜晖．C 语言程序设计实验指导．北京：高等教育出版社，2020.
[8] 谭浩强．C 程序设计（第 4 版）学习辅导．北京：清华大学出版社，2017.